基于机载LiDAR点云的建筑物语义化三维重建技术研究

王庆栋　孙钰珊　许彪　艾海滨　张力　著

WUHAN UNIVERSITY PRESS
武汉大学出版社

图书在版编目(CIP)数据

基于机载 LiDAR 点云的建筑物语义化三维重建技术研究/王庆栋
等著.—武汉:武汉大学出版社,2021.8
ISBN 978-7-307-22406-3

Ⅰ.基…　Ⅱ.王…　Ⅲ.模型(建筑)—计算机辅助设计—研究
Ⅳ.TU205

中国版本图书馆 CIP 数据核字(2021)第 121407 号

责任编辑:鲍　玲　　责任校对:李孟潇　　　版式设计:马　佳

出版发行:**武汉大学出版社**　(430072　武昌　珞珈山)
　　　　(电子邮箱:cbs22@whu.edu.cn　网址:www.wdp.com.cn)
印刷:武汉中科兴业印务有限公司
开本:720×1000　1/16　印张:8.25　字数:132 千字　插页:3
版次:2021 年 8 月第 1 版　2021 年 8 月第 1 次印刷
ISBN 978-7-307-22406-3　定价:36.00 元

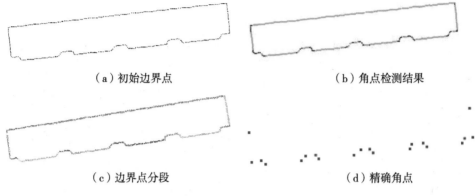

（a）初始边界点 　　　　　　　　　（b）角点检测结果

（c）边界点分段 　　　　　　　　　（d）精确角点

彩图 4-3　屋顶轮廓提取

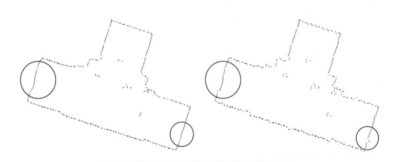

（a）左侧为双边滤波结果，右侧为原始边界点

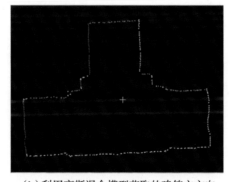

（b）利用高斯混合模型获取的建筑主方向

彩图 4-4　双边滤波结果与高斯混合模型提取的建筑主方向结果

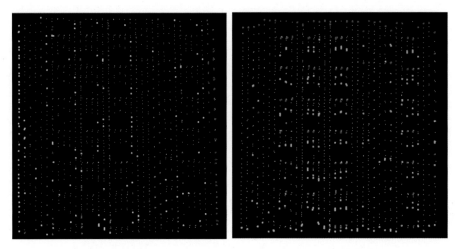

(a) 左右边界　　　　　　　　　　　　　　(b) 上下边界

彩图 4-13　门窗边界检测结果

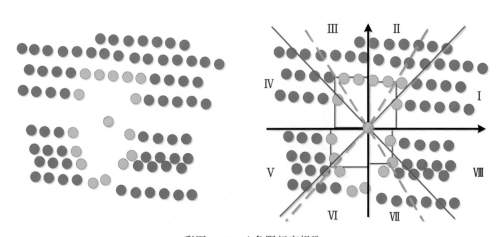

彩图 4-15　八象限门窗提取

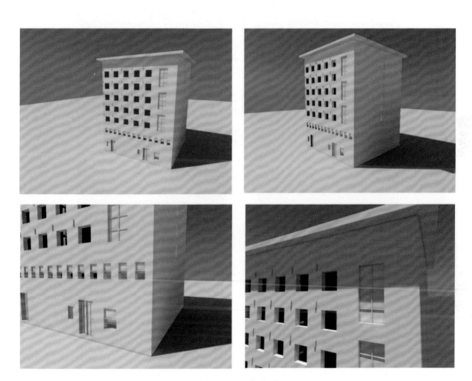

彩图 6-3　语义建模效果图

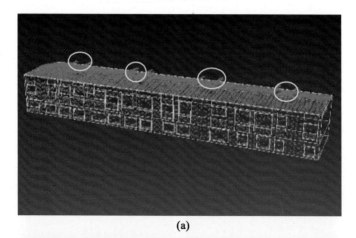

(a)

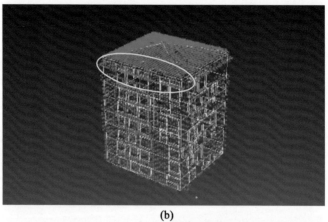

(b)

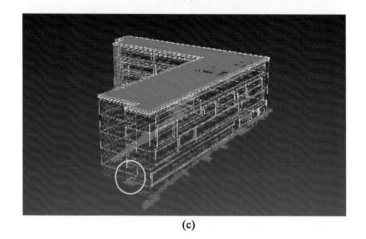

(c)

彩图 6-8　点云与模型叠加显示（圆框内为一些偏差较大的局部位置）

前　言

近年来，在城市三维重建领域，语义信息的重要性越来越显著。但是，现有的主流方法虽然具有较高的自动化程度和精度，却严重缺乏语义信息。而目前的一些能够提供语义信息的方法，则需要大量的人工干预工作，自动化程度低。建筑作为城市的主要组成单元，由于其复杂的建筑结构和多样的建筑风格，对其进行语义化重建研究始终是一项具有挑战性的课题，这其中不仅涉及建筑单体化技术，还包括建筑规则和语义特征信息提取等难点。

本书在总结前人工作的基础上，确定并分析了目前建筑物重建技术中普遍存在的问题和局限性。为了改进现有技术的不足，本书以机载 LiDAR 数据为数据源，针对机载 LiDAR 数据的特点并结合模型驱动建模思想，提出了一种基于语义建模框架的建筑物三维重建方法。该方法通过一套语义建模框架，实现了建筑结构的语义描述和模型生成。除此之外，本书对基于机载 LiDAR 点云的建筑物语义特征识别与语义信息提取技术也进行了深入研究，并提出了相应的识别算法。最后，通过四组实验来验证本书中所提出方法的可行性与有效性。具体研究内容如下：

（1）研究并分析了目前各行业对三维城市建模技术提出的新要求，如模型单体化、丰富的语义信息、精细的几何细节和自动化程度等。并根据机载 LiDAR 平台、车载 LiDAR 平台和地基 LiDAR 平台的不同特点和本研究的需要，选择以机载 LiDAR 平台数据为数据源。

（2）分析和研究了基于数据驱动建模方法、模型驱动建模或基于语法规则建模方法与基于先验知识重建等方法的原理和优缺点，并在数据源依赖程度、模型质量、语义信息丰富程度、自动化程度、尖锐特征保留程度和单体化程度等方面进行了详细对比分析。

（3）针对现有方法存在的各种不足，提出了一种面向建筑物三维重建的语义建模框架。在对现有主流城市建模方法进行对比分析后，我们提出了一种轻量级的面向建筑物三维重建的语义建模框架，并对其设计理念和设计架构进行了详细阐述。该框架由两部分构成：可扩展的建筑建模语言（eXtensible Building Modeling Language，XBML）和对应的建筑组件库。XBML 负责对建筑结构进行语义化、参数化描述，而对应的建筑组件库封装了具体的过程式建模算法，根据 XBML 对应标签提供的参数生成具体的三维模型。该框架分离了建筑的语义描述过程和几何建模过程，可以使建模人员更专注于建筑的描述，而不用关心具体的几何建模细节，并且使得建模过程面向对象化，具有更好的可读性、复用性，从而简化了建模过程。

（4）针对屋顶轮廓线提取，对于不同情形分别提出：基于 α-shape 的屋顶轮廓线提取算法，双边滤波与高斯混合模型相结合的轮廓线提取算法。第一种算法适用于扫描较完整的屋顶点云，而第二种算法主要针对当屋顶边界存在扫描不完整的特殊情况。

（5）针对坡屋顶的构建，提出基于最小环结构的坡屋顶构建算法。通过对屋顶拓扑图（Roof Topological Graph，RTG）的改进，将坡屋顶构建转化为经典的最小独立闭合环和最小独立回路问题，对现有理论进行了精简。

（6）提出了基于边界点置信度的楼层分析算法。该算法能够利用立面点云中门窗边界点的分布特征，实现对楼层结构的检测和语义信息提取。在该算法中，对于边界点置信度的求取，相较于通过协方差矩阵的方式，本书提出的改进算法具有更低的空间和时间复杂度。

（7）针对传统重建方法对建筑的细部结构关注度不够等问题，本书提出了屋顶细部结构识别相关算法，实现对屋檐和女儿墙的检测识别和尺寸估计。

（8）基于楼层结构分析中获取的门窗边界点置信度信息，本书提出了基于点置信度的门窗检测算法。通过门窗的边界点检测，对门窗位置进行粗略定位，从而实现门窗结构粗提取。在此基础上采用了一种八象限边界点检测算法实现对门窗的精提取。

（9）研究了语义信息向语义建模框架转化的方法。为了能保存语义信息间的层次关系，便于语义信息向 XBML 的转化，本书对语义信息的层次化存储进行了研究，采用对象关系数据库对语义信息进行存储，利用其面向对象特性描述存储语义信息及语义信息之间的关系。

（10）研究了建筑建模语言 XBML 解析器的设计和实现方法。框架中的一个难点是如何将 XBML 解析为三维建模平台可以识别的内部代码，这一解析过程并非简单的 XML 解析过程，而是从 XBML 到另一种编程语言（MAXScript、Python）的解析过程。本书对解析过程中的一些关键技术问题：元素和一般属性信息解析、父元素与子元素解析、附加属性解析以及属性解析过程中涉及的类型转换等问题进行了深入研究和阐述。

限于作者能力，本书中错误之处在所难免，恳请读者批评指正。

目　　录

第1章 绪　　论

1.1　研究背景和意义

经多年的探索，智慧城市已由最初的概念发展为城市经济发展战略中不可或缺的一部分。随着"互联网+"概念的提出，智慧城市的承载能力得到了进一步加强。目前，全国超过 500 个城市正在进行智慧城市的建设，智慧城市正渗入人们生活的方方面面。2016 年 11 月 22 日，国家发展改革委、中央网信办、国家标准委联合发布《关于组织开展新型智慧城市评价工作务实推动新型智慧城市健康快速发展的通知》，同时下发《新型智慧城市评价指标（2016 年）》等相关附件，旨在以评价指标为引导，面向不同规模城市和用户需求打造新型智慧城市。经过多年耕耘，智慧城市已在政务和民生等领域得到长足发展，改变了人们对城市的认知。2019 年 2 月，自然资源部首次明确了"实景三维中国"的建设目标，提出"实景三维中国"三个建设级别：地形级、城市级、部件级。从宏观角度讲，从二维向三维转变，从三维向精细语义三维转变是一个总体趋势，而这一切都离不开三维城市重建技术。

三维城市重建技术作为底层技术之一，已应用于各个行业，如城市规划、城市应急、辅助决策以及 GIS 基础服务等。但是，随着新兴行业的出现，如虚拟现实、增强现实、自动驾驶、无人机物流和 BIM 建模等，它们对三维城市建模技术提出了更加细化的要求，包括：

（1）单体化模型。现阶段大多数商用建模平台生成的城市模型大多以网格模型为主，因其无法区分单独的建筑体或结构，不利于行业应用，需要进行单体化处理，俗称"一张皮"，目前针对网格模型的单体化技术可归纳为切割单体化、

ID 单体化、动态单体化。无论采用哪种单体化技术，都需要对模型数据进行额外处理，甚至需要配套的矢量数据配合处理。而目前流行的动态单体化，其实质相当于两套模型：精细模型与精简矢量意义模型的套合。

（2）丰富的语义信息。语义信息作为智慧城市与真实世界的纽带，借助语义信息，可以有目的地开展各种数据分析、查询等应用，而传统摄影测量与遥感和 GIS 手段仅能提供一些较粗略的语义信息，如植被、河流、道路、居民区等，而对于目前的新兴技术，除了这些语义信息之外，还需要建筑物的楼层信息、立面门窗信息、建筑屋顶信息等。对于自动驾驶行业，需要详细的道路交通设施，包括交通标志牌、道路护栏、绿化带信息等。因此，现有的重建技术中，语义粒度较大，适用于传统的滤波、分类或统计应用，但很难满足目前新兴行业的需求。

（3）精细的几何细节。目前无论是主动式还是被动式扫描，都可以提供足够精细的密集点云。在文物重建领域，精度可以达到毫米级。而在城市重建领域，由于采集方式的不同，扫描数据存在大量噪声。对于建筑物，传统的三角构网方法会导致大量的直线特征、平面特征和尖锐特征丢失，使得建筑模型几何细节不规范、不准确。此外，由于建筑物存在遮挡现象，模型的完整性取决于扫描数据的完整性，且无法通过参数调整进行修补。这对于虚拟现实领域的近距离漫游和 BIM 领域的建筑构件信息而言是不能满足要求的，因此，目前的重建方法提供的几何细节的精细程度很难满足未来需要。

（4）更高的自动化程度。目前能满足上述要求的重建方法大多避免不了大量的人工干预，人工识别建筑并进行单体化、人工标注语义信息以及人工建模实现建筑模型几何细节规范化。因此，需要一种能够实现自动化生产且满足上述要求的新型重建技术。

上述要求既是城市重建领域新的机遇也是目前遇到的瓶颈问题，对这些问题的解决不仅有助于三维城市重建相关产业的发展，也将有助于测绘行业向未来产业的拓展。

目前，三维城市重建技术所采用的数据源种类较多，从近些年较常用的数据源来看，主要有倾斜航空影像和激光扫描数据（Light Detection and Ranging, LiDAR）。LiDAR 技术作为 20 世纪 80 年代兴起的一项扫描技术，经过几十年的发展，技术趋于成熟，已应用到室内导航、隧道测量、自动驾驶、城市三维重建等领域，是目前测绘领域和计算机视觉领域的研究热点，也是目前采集三维空间信息的主要手段之一。

为了满足不同领域数据采集的需要，LiDAR 系统已发展为多种平台。根据传感器搭载平台的不同，LiDAR 系统主要分为三大类：机载 LiDAR、车载 LiDAR 和地面 LiDAR 系统。机载 LiDAR 系统具有扫描范围广、扫描速度快的特点，因此主要面向大范围城市快速重建，数字表面模型、城市表面模型重建以及电力线检测等领域。车载 LiDAR 系统适用于城市道路和街景建筑物立面的高精度快速重建；地面 LiDAR 系统在量测目标物高精度的层次细节方面具有显著优势，较多应用于文物古迹遗址重建。相较于车载 LiDAR 系统与地面 LiDAR 系统，虽然机载 LiDAR 在建筑物立面信息获取方面不具备明显优势，但它能够更完整地获取建筑物的整体结构信息，考虑到建筑物单体化、建筑物扫描的完整性和城市覆盖范围等因素，本书选择机载 LiDAR 平台作为研究数据的主要数据源。

本书将以机载 LiDAR 点云为数据源，基于计算机图形学、计算机视觉、摄影测量与遥感、图论等领域的理论，重点研究基于 LiDAR 点云的建筑物构件的语义特征识别和语义信息提取以及面向建筑物三维重建的语义建模框架的设计与构建，从而实现从点云提取语义信息，再利用语义信息实现建筑物三维重建的自动化过程。

1.2 国内外研究现状

语义三维建模并不是一开始就有的，而是根据实际需要，在传统建模方法的基础上逐渐发展起来的，并且根据数据源、建模方法和实际需求的不同，衍生出多种不同的建模方法。目前，数据驱动建模方法和模型驱动建模方法应用较多，但随着语义三维模型自动化生成需求的提出，基于先验知识和深度学习重建方法也受到越来越多的关注。

1.2.1 数据驱动方法的研究现状及趋势

目前，航空影像数据与激光扫描数据是三维城市重建的主要数据来源，很多学者根据数据的不同特点，分别进行了深入研究。

1. 影像数据源

影像作为目前较容易获取的数据源之一，具有获取速度快，扫描范围广，具备纹理信息等优势。目前用于三维重建的影像数据类型有多种，但近些年，越来越多的行业以倾斜摄影系统作为数据采集平台，以倾斜影像为数据源的三维重建已成为该领域的研究热点之一。

倾斜摄影技术作为当前测绘领域的新兴技术，经过这些年的发展，逐渐得到各行各业的认可与重视。与传统航空影像相比，倾斜摄影技术能够提供垂直和倾斜多个角度的影像，因而能够更好地获取城市的三维信息。由于这些优势，国内外众多学者针对倾斜影像数据开展了大量的相关研究与实验。王庆栋（2013，2014）等利用倾斜影像数据，对半自动化三维城市快速重建进行了深入研究，并实现了倾斜影像量测建模平台，该平台通过人工量取建筑物轮廓线等结构特征，获取建筑物的三维信息，并通过在不同角度多张影像搜索最优纹理实现建筑物纹理映射。邓琴等（2015a，2015b）开展了基于 DPModeler 软件的倾斜影像三维重建研究。与此同时，学术界更多地关注利用倾斜影像进行自动化建模研究（姚国标，2014；李德仁，2016；王卿，2016；杨存英，2016；余虹亮，2016a；余虹亮，2016b）。从目前研究来看，大多数学者采用通过倾斜影像匹配技术获取匹配点云，再针对匹配点云进行表面构网生成网格模型的方法来实现城市的三维重建。由于倾斜影像可以提供同一地物多个角度的影像数据，借助倾斜影像可以大大减轻人工采集纹理的负担，因此，很多学者专门针对倾斜影像的自动纹理映射技术进行了深入研究（刘力荣，2015；闫利，2015；张春森，2015；张天巧，2015；魏凌飞，2016）。

总体来说，利用倾斜影像进行三维重建主要涉及以下关键技术：多视影像联合平差技术、多视影像的密集匹配技术、纹理自动映射技术、三维重建技术以及模型单体化技术。

（1）多视影像联合平差技术。传统摄影测量中的空中三角测量系统只适用于垂直航空影像，对于倾斜影像，还需要考虑影像间的几何变形与遮挡关系。结合定位定向系统 POS（Positioning and Orientation System）提供的影像外方位元素，进行金字塔匹配，并建立多视影像自检校区域网平差误差方程，最终通过联合解算，获取精确的平差结果。

（2）多视影像的密集匹配技术。传统摄影测量中的影像匹配针对的是立体像对，而对于多视情形，不能充分考虑冗余信息。随着近年计算机视觉中的多目视觉技术的引入，多视影像匹配技术也取得了进展。近年来，多视匹配问题一直是摄影测量领域的研究难点，很多学者结合实际需要，提出了不同的方法。肖雄武等（2014）曾针对倾斜影像局部仿射变形大、存在色差等问题，提出了一种具有仿射不变性的倾斜影像匹配方法。吴军等借鉴计算机视觉领域知识，提出融合 SIFT 和 SGM 的倾斜影像密集匹配方法，实现了垂直、倾斜像对较好的匹配。与传统立体匹配技术相比，多视匹配技术能够利用影像冗余信息矫正错误匹配结果，能够获得比以往更高质量的匹配点云。

（3）纹理自动映射技术。在传统摄影测量中，航空影像大多位于垂直角度拍摄而成，缺乏建筑物立面信息，在建筑物纹理映射工作中，需要事先根据测区由外业人员到达指定现场拍照采集建筑物立面影像信息，并在后期结合正射影像人工贴图。倾斜摄影技术的出现，大幅度降低了三维城市立面纹理采集的成本。而借助倾斜影像实现纹理自动映射则需要进行纹理检索、纹理优选、纹理几何纠正、纹理遮挡检测与纹理合成等。国内外很多学者对其中涉及的纹理优选、纹理遮挡区域检测和纹理合成进行了深入研究。闫利等（2015）在关于倾斜影像自动纹理映射技术的研究中，提出以视角最优为准则的纹理优选策略，该策略将立面的法向量与视点方向夹角最小的影像视为最优纹理数据源。为了减少遮挡现象，利用深度缓存算法进行遮挡检测，并取遮挡最少的影像。Christian Frueh 等（2004）提出了一种顾及遮挡、影像分辨率、立面法线朝向、邻接三角面片相关性的综合纹理优选策略。Ignacio Garcia-Dorado 等（2013）提出了一种表面图割的方法，该方法能将图割理念引入纹理合成中，使纹理间的视觉过渡尽可能的最小化。

（4）三维重建技术。目前基于倾斜摄影的三维重建主要是以三维构网技术为主，主流的三维构网技术包括 Marching Cubes 表面重建算法、基于泊松方程的表面重建算法和基于图割法的表面重建算法。Marching Cubes 表面重建算法作为经典重建算法，已被用于医学和地矿领域，该算法是一种等值面构造算法，利用三角面片作为几何基元进行表面逼近，然而该方法计算量大，存在等值面二义性问题（孙伟，2007；陈坤，2013）。基于泊松方程的表面重建算法能够对所有输入点进行全局优化，有较强的抗噪性，该算法实质是隐式曲面的重建，并且假设实体表面法向能够用某一指示函数的梯度表示。李德仁等（2016）在将倾斜影像自动空三成果应用于城市真三维重建的研究中，就采用屏蔽泊松表面重建算法得到了表面模型。基于图割法的表面重建算法是近几年提出的算法，即借助光线的一致性信息，可以把重建问题转化为最大流最小割优化问题，相较于前两种方法，该算法计算速度快，但也存在一些局限性，如对低频噪声抗噪性不强，需要对点云进行去噪处理等。除了采用三维构网技术，近年来也有一些学者针对表面重建不能保持尖锐特征，提出通过提取建筑物切片轮廓线来重建建筑物的方法（Sui，2016）。该方法通过对立面法矢的光滑去噪实现较精确的轮廓线提取，对于高大建筑，该方法可以取得较好的重建效果。

（5）模型单体化技术。利用倾斜影像构建的三维模型往往是整个区域的网格模型，无法结合地理信息等技术进行要素的点选与查询操作，为后续扩展应用带来不便。传统做法是人工绘制轮廓线，进行模型单体化。这在半自动化建模中是很容易解决的问题，而在自动化建模中，自动单体化仍是一个热点问题。从目前实际应用来看，主要有三种解决方案：切割单体化、ID 单体化与动态单体化（王勇，2017）。切割单体化即对三角网模型进行物理上的分离，实现单体化。ID 单体化是指将属于同一地物的三角面片标注为同一个 ID 值，在进行点选操作时，可以根据 ID 值实现单体模型的高亮显示。动态单体化则采用一种折中的办法，即利用图层的思想，将简易的矢量模型图层与精细的网格模型进行套合，该图层只在渲染时进行绘制。在目前实际应用中，ID 单体化与动态单体化两种方案更灵活，代价更小，并可满足 GIS 查询与管理等业务。而对于近几年一些高级应用，如建筑物分层单体化、动态单体化更具有明显的优势。

2. 激光点云数据源

LiDAR 具有数据获取速度快、实时性强、精度高、受环境影响小等特点，已成为近些年获取三维数据信息的主流手段。在实际研究中数据源主要通过机载 LiDAR 系统或地基 LiDAR 系统采集得到。由于采集方式的不同，机载 LiDAR 系统与地基 LiDAR 系统存在诸多差异：

（1）点云密度差异。机载 LiDAR 设备采集的点云密度，与飞行速度和高度有关，通常每平方米 1~8 个点，条带重叠区域为每平方米 5~20 点（王果，2014）。地基 LiDAR 系统，以车载 LiDAR 为主，由于扫描距离都远小于机载 LiDAR 系统，通常地基 LiDAR 获取的点云密度要远高于机载 LiDAR 系统。

（2）点云空间分布差异。机载 LiDAR 系统在飞行高度和飞行速度都稳定的情况下，能够获取水平分布较为均匀的点云数据，对于建筑物，由上到下，点云密度逐渐下降。车载 LiDAR 系统由于受到路面其他车辆干扰、交通管制等因素影响，车速与扫描距离并不稳定，因此造成采集数据密度分布不均匀。对于建筑物立面，下部点云分布较密，上部分布较稀疏。

（3）扫描方式差异。在扫描方式上，机载 LiDAR 设备采集方式与航空摄影测量采集方式类似，对于建筑物，屋顶部分能够较完整地得到扫描，扫描范围广，但立面信息缺失、不完整现象较多，然而通过多条带拼接，可以获取大场景数据。地基 LiDAR 系统能够进行更多角度的扫描，甚至进行 360° 扫描，可获取建筑物精细的立面信息。但受限于扫描路径的选取，屋顶信息存在缺失、不完整现象。

（4）应用场景差异。由于扫描方式的不同，在不同的应用场景下，它们有各自的优势。机载 LiDAR 点云由于覆盖范围广，适合大场景应用。在城市三维重建中，机载 LiDAR 点云在建筑物屋顶提取方面具有优势，而地基 LiDAR 点云较多地应用于建筑物立面、室内和隧道信息采集。因此，大多数建筑物三维重建工作主要集中在屋顶和立面的重建研究领域。

近年来，越来越多的人开始利用不同类型的数据进行三维建筑物重建工作。魏征（2015）对车载 LiDAR 点云中建筑物的立面重建进行了研究。张志超（2010）曾提出一种融合机载与地面 LiDAR 数据进行三维重建的方法。在该方法中，作者结合形状语法建模原理深入探讨了点云数据中重建屋顶和立面的方法。梁玉斌（2013）针对地面点云配准、点云识别滤波和点云特征点检测等进行了深入研究。李乐林（2012）曾针对机载 LiDAR 数据，提出了一种基于等高线分簇理论进行建筑物三维重建的方法。为了获取纹理数据，很多车载 LiDAR 都内置了全景影像采集系统，闫利等（2015a，2015b）针对车载 LiDAR 点云与影像的

自动配准进行了研究，并给出了车载点云与全景影像配准的方案。徐景中等
（2010）针对 LiDAR 点云，对屋顶轮廓线提取进行了研究。赵煦（2010）针对地
面激光点云数据，对人工建筑物在三维重建方面遇到的关键技术问题进行了深入
研究。Perera（2014）基于激光点云，通过分析屋顶拓扑图 RTG（Roof Topology
Graph），实现了大部分建筑坡屋顶自动重建。表 1-1 为数据驱动建模方法研究热
点汇总。

表 1-1　　　　　　　　　　　数据驱动建模方法研究热点汇总

参考文献作者及年份	研 究 领 域
王庆栋，艾海滨，张力（2013） 王庆栋（2014） 邓琴琴（2015a；2015b）	基于倾斜影像半自动重建
姚国标，邓喀中，艾海滨（2014） 肖雄武（2014） 李德仁，肖雄武，郭丙轩（2016）	倾斜影像稠密点云匹配
Christian Frueh（2004） Garcia Dorado I et al.（2013） 刘力荣（2015） 闫利，程君（2015） 张春森（2015） 张天巧（2015） 魏凌飞（2015） 王卿（2016）	基于倾斜影像的自动纹理映射
孙伟，张彩明，杨兴强（2007） 陈坤（2013） 杨存英（2016） 余虹亮，冯文雯，劳冬影（2016） Sui W（2016）	基于倾斜影像的 三维重建技术研究
王勇，郝晓燕，李颖（2017）	三维模型单体化技术
王果（2014）	激光点云分割

续表

参考文献作者及年份	研 究 领 域
赵煦（2010） 张志超（2010） 徐景中，姚芳（2010） 李乐林（2012） 梁玉斌（2013） Perera et al.（2014） 魏征（2015）	基于激光点云的 建筑物识别与三维重建
闫利，曹亮，陈长军（2015a） 闫利，曹亮，谢洪（2015b）	激光点云与影像配准与融合

1.2.2 模型驱动方法的研究现状和趋势

数据驱动方法在城市重建规模和重建速度上有明显优势，但整合到实际应用时会发现，数据驱动方法产生的数据产品缺乏丰富的语义信息，导致三维城市模型在扩展应用方面受到限制，因此基于模型驱动思想的建模方法引起关注。

相较于数据驱动方法，模型驱动方式在建模方法方面更加灵活，并且具有较丰富的语义信息。从专业角度讲，模型驱动建模方法更趋近于建筑设计师审视建筑的视角，在具备相关专业知识的情况下，该类建模方法可以准确仿真建筑物室内和室外的每一处细节。目前基于形状语法规则的建模方法是模型驱动领域的流行趋势，并且存在两大分支：纯粹的形状语法规则建模与结合数据进行自动化形状语法规则建模。

1. 基于形状语法规则的建模

在建筑领域，形状语法（Shape Grammar）是一种用于描述二维或三维形状的语言，它定义了一个形状转化为另一个形状所需的规则，规则越复杂，得到的形状也越复杂。形状语法在建筑领域被用于建筑的设计和修复，通过对建筑进行形状语法分析，找出其中的规则，利用这些规则可以对建筑进行修复，并保持其原有建筑风格。

形状语法理论为很多学者提供了新思路，对建筑产生了全新的认识，因此很多学者基于此提出了一些改进理论。Parish 等（2001）基于形状语法与 L 系统（L-system）提出一种衍生式城市重建方法。L 系统理论最早是由生物学家 Lindermayer 于 1968 年提出，是一种用于描述植物形态发生和生长过程的方法。Parish 对 L 系统进行了扩展，用于街道与建筑物的创建。Wonka（2003）等借鉴形状语法思想，提出一种分割语法（Split Grammar），这是一种参数化建模方法，该方法对语法规则进行限定，只允许特定的语法规则用于描述图形，这些限定的语法规则完全适用于建筑的建模，并能保持整体的简洁以便用于可控的和自动的语法生成。利用该方法能够产生具有高度几何细节的建筑立面，并能保留立面的语义信息。基于 Wonka 等的上述工作，Muller 等（2006）提出一种新的语法规则 CGA 形状语法（Computer Generated Architecture Shape Grammar），相较于分割语法，该语法通过引入一系列用于形状合并的规则和建筑物模型基元，使得建模过程不用像切割语法那样严格地遵循建筑层次关系，从而简化了建模过程，因此该方法更适合不同风格建筑模型的构建。此外，该语法通过对建筑进行层次化描述来实现建筑的三维建模，并且语法规则具有复用性，可通过参数调整实现建筑变体建模。Larive 等（2006）提出了墙体语法（Wall Grammar），该方法同样受到分割语法的启发，但引入了抽象和继承特性，改进了语法的可读性和扩展性。

尽管基于语法规则建模的新方法层出不穷，但在大多数情况下，利用语法规则对复杂建筑结构进行语法描述仍是一项繁琐的工作，对于习惯于绘图软件的建筑设计师来说尤其不适用。为了简化语法描述，一些智能化、参数化和可视化的建模系统也被提出。Lipp 等（2008）学者设计并实现了可视化的语法规则建模系统，加快了语法建模的过程。Finkenzeller 等（2008）针对建筑物立面参数化精细建模进行了深入研究。该研究中作者提出将建筑风格表示成层次化的语义树的形式，使得设计者只需给出简单的建筑线框模型并制定所需建筑风格参数，就能产生用户定制的精细建筑模型。Nishida 等（2016）学者利用深度学习技术对大量语法规则片段进行训练，快速识别与手绘图形最相符的代码片段并估算所需参数，实现了建筑的快速手绘建模。

2. 形状语法规则与数据结合

虽然上述提到的基于语法规则方法已能够构建出具有足够精细几何细节和丰

富语义信息的建筑三维模型，但在对现实建筑物进行重建时，这些方法仍不能避免大量的人工干预，自动化程度很低。为了打破这一局限，近年来越来越多的学者开始尝试从影像数据或点云数据中自动提取语法规则。Muller 等（2007）将立面影像分析与 CGA 形状语法相结合，进行了建筑立面自动重建研究，在该研究中互信息被用来对立面影像进行纵向和横向的相似区域检测，以此获得楼层和门窗区域的分布规则，并将其编码为 CGA 语法规则进行重建。对于城市中大量的高层建筑重建，有学者提出在航空影像上提取建筑的等值线并利用曼哈顿语法（Manhattan Grammar）实现重建（Vanegas et al.，2010）。

除了结合影像数据，越来越多的学者针对点云数据也进行了语法规则的提取与重建研究，Mathias 等（2011）提出以图像匹配点云为数据源，结合 CGA 形状语法进行古遗址的重建的方法。在该方法中，用户需要预先输入语法模板获取所需语义信息并引导整个重建过程。在此过程中，语法模板通过语法解析提取出有关建筑的语义信息，利用预先训练好的建筑组件检测器从点云中检测识别语义组件，然后结合对应的点云和影像数据对这些识别组件进行属性参数估计，如平面拟合、尺寸估计、组件间空间关系推理、重复规则检测，最终实现对古遗址精细重建。Berhard Hohmann（2013）在 CityFit 项目中，围绕立面精细重建，对基于 LiDAR 点云的建筑物立面自动语法规则重建进行了深入研究。在该研究中，作者建立了一套完整的流程：数据获取、数据预处理、建筑立面特征检测识别、语法规则生成、多边形立面模型的产生。其中，在将识别到的立面特征转化为语义表示的过程中，作者采用了基于 GML（Generative Modelling Language）实现的形状语法来表示识别到的建筑要素。C. Dore 等（2013）提出了一种以激光点云或图像点云为数据源，利用古遗址建筑信息模型 HBIM（Historic Building Information Modelling）进行建筑立面半自动重建的方法，在该方法中作者提出了一种 HBIM 建筑组件库，一种由几何描述编程语言 GDL（Geometric Description Language）的形状语法创建的参数化建筑组件库，基于该组件库，通过半自动方法在点云数据上进行量测并对参数化组件进行编辑，最终产生具有语义信息的建筑信息模型 BIM（Building Information Modelling）。表 1-2 为近年来模型驱动方法研究热点粗略统计。

表 1-2 模型驱动方法建模研究热点

参考文献作者及年份	研 究 领 域
Parish et al. （2001）	纯粹语法规则建模
Wonka et al. （2003）	
Muller et al. （2006）	
Larive et al. （2006）	
Lipp et al. （2008）	
Nishida et al. （2016）	
Muller et al. （2007）	结合数据的语法规则建模
Vanegas et al. （2010）	
Mathias et al. （2011）	
Berhard Hohmann （2013）	
C. Dore et al. （2013）	

1.2.3 基于先验知识的三维重建现状和趋势

基于形状语法规则建模的方法可以满足模型几何细节精细和语义丰富的要求，尤其是结合影像或点云数据的形状语法规则自动重建方法，**能够有效减少对人工干预和人工判读的依赖**，但也存在一些技术挑战：①建筑体形状规则的检测：从几何学分析，建筑体是各种形状规则的集合体，要完全检测出这些规则在技术上是不切实际的，并且对于门窗等细部组件进行形状规则检测难度较大；②不同形状之间的空间关系推理：对于检测到的形状信息，它们之间存在多种依赖的空间关系，覆盖、相离、相接、相交、包含等，而对于大多数建筑组件，如立面和门窗等，其空间关系是先验已知的，无需重复推理检测。

为了能够自动化地重建出具备语义信息的建筑模型，一种基于先验知识的重建理论得到越来越多学者的关注。Pu（2009）曾在基于地基激光扫描点云进行建筑自动重建的研究中，引入大量的先验知识，如特征的位置信息、朝向信息、拓扑信息、点密度等来辅助点云分割、特征识别与建模过程。Chao Wang（2015）围绕着 BIM 建模思想，通过一些常见的关于建筑的先验知识的引入，来对已提取的面进行识别分类。值得注意的是，为了验证该方法的可行性，该研究将所得到的语义模型转化为 gbxml 格式的文件，并导入到能量模拟软件中进行模拟分析实验。Wang H 等（2015）引入坡屋顶对称性的先验知识以辅助复杂屋顶的分解。Susaki（2013）研究了关于坡屋顶几何排列先验知识，用于密集住宅区进行屋顶的分割。Luo 等（2010）将立面的先验知识以层次结构树的形式存储，以便于立面元素的分割和提取。在更广泛的研究中，也有学者引入少量的弱先验知识辅助分割和识别。Kobyshev 等（2016）在建筑点云结构分解的研究中，引入了镜像对称、旋转对称等先验知识。Mathias 等（2016）将一组建筑先验知识用在建筑立面组件的识别与提取中。表 1-3 为目前基于先验知识的建模方法研究热点统计。

与传统的数据驱动方法相比，在先验知识的辅助下，该类方法所需检测的几何特征明显少于数据驱动方法，并且减弱了数据源质量、场景复杂度对重建的影响。该类方法在点云或图像分割、语义提取方面具有显著优越性，这主要是由于先验知识有效地减少了信息搜索的空间复杂度。但是，基于先验知识的方法在几何建模方面不够灵活，大部分类似研究仍采用多边形拟合的方法，其很难适用于复杂结构建筑。除此之外，该类方法产生的模型易出现缝隙，为了避免缝隙，需要使用填充算法或增加额外的先验知识。

表 1-3　　　　　　　基于先验知识的建模方法研究热点统计

参考文献作者及年份	研 究 领 域
Pu et al.（2009）	基于先验知识的建筑物三维重建
Wang et al.（2015）	
Luo et al.（2010）	基于先验知识的点云分割和识别
Susaki et al.（2013）	
Wang H et al.（2015）	
Kobyshev et al.（2016）	
Mathias et al.（2016）	

1.2.4　基于深度学习的三维重建现状与趋势

随着近年深度学习技术在语义分割领域的发展，利用深度神经网络辅助建筑物三维重建成为一种新的研究思路。目前，基于深度学习的语义分割方法在图像和点云方面都取得了不错的进展，如面向图像的网络模型：FCN（E. Shelhamer et al. 2017）、SegNet（V. Badrinarayanan et al. 2017）、Faster R-CNN（S. Ren et al. 2017）、Mask R-CNN（K. He et al. 2020）等；面向多视图的方法 MVCNN（H. Su et al. 2015），面向点云的语义分割模型 PointNet（C. R. Qi et al. 2016）、PointNet++（C. R. Qi et al. 2017）、PointCNN（Y. Li et al. 2018）、DGCNN（Y. Wang et al. 2018）等。

　　基于这些已有工作，诸多学者将其引入建筑物的三维重建环节。Yu 等（2020）提出将航空影像与 DSM 作为输入，利用 MA-FCN 网络框架提取建筑物粗轮廓，再利用轮廓线提取算法对粗轮廓进行精化，最终获取较精确的建筑物屋顶轮廓线，以实现 LOD1 级三维重建。Yu（2021）基于上面总体的三维重建流程，进一步改进，实现了基于多视航空影像的建筑物三维重建，提出利用 MS-REDNet 网络框架实现从多视航空影像生成高精度 DSM，并利用 Mask R-CNN 与 MA-FCN 双网络结构从 DSM 和 DOM 中提取建筑物轮廓线。该方法在精度和建模完整度上较之前的方法有了进一步提升。J. Mahmud（2020）基于多任务学习理论，提出多任务多特征的网络模型，同时进行符号距离预测、归一化 DSM 预测、语义分割等任务，实现基于单张下视影像对建筑物进行重建的端到端方法。B. Xu 等（2020）面向卫星影像匹配点云，利用深度学习识别点云中不同类型的屋顶形状，并根据点云聚类所属的屋顶形状类型进行拟合，最终实现建筑物重建。

　　基于深度学习的建筑物三维重建方法避免了人工设计特征进行建筑检测与分割等繁琐的方法，能够适应更多复杂类型建筑物。但是由于该类方法依赖于训练数据集与调参，所以更多地适用于 LOD1 级别的建筑物三维重建。对于更高的建模精细度，需要构建更完备的数据集重新进行训练，工作量较大。除此之外，受到基于深度学习理论上的限制，该类算法在泛化能力与可迁移性方面还不够成熟，难以大规模应用于真实场景，其构建的模型在精细度、稳健性方面与基于先验知识的方法相比，仍有较大的提升空间。表 1-4 为目前基于深度学习的建模方法研究热点统计。

表 1-4   **基于深度学习的建模方法研究热点统计**

参考文献作者及年份	研究领域
Yu et al. （2020）	基于深度学习的建筑物三维重建
Yu et al. （2021）	
J. Mahmud et al. （2020）	
B. Xu et al. （2020）	

1.3 研究目标和内容

1.3.1 研究目标

（1）针对目前建筑物重建方法缺少语义信息，建模方法不灵活，几何细节不精细等问题，研究并设计一种轻量级的，具备可扩展和参数化特点的面向建筑物三维重建的语义建模框架，用于建筑的语义化三维重建。

（2）结合先验知识和本书提出的语义建模框架，研究并实现针对建筑各组件的语义特征识别与语义信息提取算法。

（3）针对传统模型驱动重建方法自动化程度低等问题，在语义建模框架的基础上，建立一套利用提取的语义信息进行建筑物三维重建的自动化流程。

1.3.2 研究内容

本书首先对获取的建筑物点云进行预处理，去除非点，减少噪声并剔除无关的地面点。利用 RANSAC 算法和区域增长法对预处理后的点云进行分割，得到最基本的建筑要素——屋顶、立面分割片段。然后借助先验知识分别对得到的点云片段进行进一步的语义特征识别和语义信息提取，包括在屋顶点云中提取屋顶轮廓线，识别屋檐、女儿墙等细部特征；在立面点云中提取建筑物门窗以及楼层结构信息等。最后，将提取的语义信息转化为语义描述文件，通过定制的解析器，解析为三维建模引擎可识别的脚本语言并生成三维模型。技术路线如图 1-1 所示。

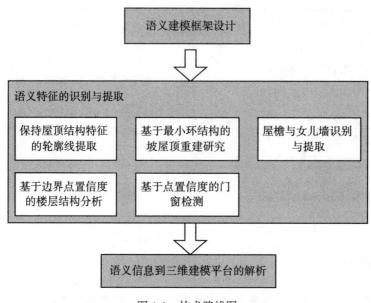

图 1-1 技术路线图

1) 语义建模框架设计

该框架分为两部分,分别是语义描述部分和几何算法实现部分。语义描述部分主要负责利用建筑语义组件描述建筑结构,而几何算法实现部分负责根据对应的语义组件以及组件之间的组合关系,将语义描述转化为相应的三维几何模型。

2) 建筑语义识别与提取

建筑语义识别是以建筑的层次化结构来引导的,本书在语义识别的基础上,根据语义框架预定义的参数,对识别的特征进行了进一步的信息提取,具体如下:

(1) 屋顶和立面识别。根据获取的建筑点云,利用 RANSAC 和区域增长算法实现对地面点云的过滤,屋顶和立面的分割与识别。

(2) 平屋顶屋顶轮廓线提取。针对屋顶点云保留较多轮廓信息的特点,利用α-shape 算法获取建筑物边界有序点,然后利用高斯平滑去除边界点中的异常点。采用一种自适应角点检测算法,实现对边界点的分段和拟合,最后利用拟合直线求交获取精确的建筑物边界角点。对于噪声较大的轮廓线,采用双边滤波算法进行保特征去噪,并结合高斯混合模型法对边界线进行分段。

（3）基于最小环结构的坡屋顶重建。针对在点云中面特征比线特征更显著这一特点，我们采用区域增长识别坡屋面特征，并根据面特征之间的相邻关系，构建屋顶面片拓扑图，根据拓扑特征：三个面构成一个最小环结构，环结构对应空间上一点；两个相邻环结构对应空间一条直线。结合已提取的屋顶轮廓线与面特征的邻接关系，最终确定出屋顶多边形的边。

（4）屋檐与女儿墙的识别与信息提取。根据已识别的屋顶，采用两个弱的先验知识：屋檐往往伸出立面一定距离；女儿墙在屋顶边界处高出一定距离，以此来识别屋檐和女儿墙，并计算出屋檐的厚度、悬挑梁和女儿墙的高度和厚度。

（5）楼层结构分析。楼层结构从建筑外部观察，主要体现在立面门窗的布局：越靠近楼层分割线处，门窗的边界点越少，门窗空洞越少；对于任意点，在给定缓冲区内，其左右或上下部分的点数差别越大，该点属于门窗边界点的置信度越高。针对上述两个先验知识，采用计算立面中每行点云的置信度累积效应值进行统计，搜索波峰值的方法，确定楼层分割线位置，获取楼层信息。

（6）门窗结构检测与信息提取。利用楼层分析中计算门窗边界点置信度的方法，获取门窗上下左右边界，并判别出门窗位置及门窗长宽值。

3）语义信息到三维平台的解析

研究语义信息向语义建模框架的转化方法和语义建模框架向三维建模平台的解析方法，其中涉及语义信息的结构化存储技术、语义信息向语义建模框架的映射方法以及语义解析器的设计。

1.4　本书组织结构

本书共分为7章，全书组织结构如下：

第1章：绪论。该章节主要阐述本书的研究背景和意义以及目前该领域国内外的研究进展，简要回顾了当前智慧城市的发展水平，并对目前三维城市重建领域面临的新挑战进行了分析。结合当前LiDAR系统的发展趋势，探讨了LiDAR系统与三维城市重建的关系和LiDAR系统的选择。

第2章：面向建筑物三维重建的语义建模框架研究。该章节通过比较分析目前主流的重建方法：数据驱动重建方法、模型驱动重建方法、基于先验知识重建方法和基于深度学习的重建方法，引出本书研究的主旨，并系统阐述了语义建模框架的设计思想和架构组成。

第 3 章：机载 LiDAR 点云建筑物检测。本章围绕机载 LiDAR 点云建筑物检测，对机载 LiDAR 系统组成、工作原理和数据存储格式特点进行了阐述。针对地面点与非地面点的分离，分析了现有主流激光点云滤波方法，包括基于坡度的滤波方法、基于渐进三角网的滤波方法、基于形态学滤波方法、基于布料模拟滤波方法等。针对建筑点云分类与分割，详细阐述了激光 LiDAR 多次回波原理，并利用基于首末两次回波高程差与强度差的方法，对植被与建筑物点云进行分类，最终采用聚类算法实现单体建筑物点云分割。

第 4 章：基于点云的建筑物语义信息提取。本章针对建筑物的各个组件，分别提出了各组件的语义特征识别与信息提取算法，并对其进行详细的阐述，所提出的算法包括：基于 α-shape 的屋顶轮廓线提取算法、结合双边滤波与高斯混合模型的轮廓线提取、屋檐与女儿墙识别算法、基于边界点置信度的楼层结构识别算法，基于边界点置信度的门窗识别算法等。

第 5 章：基于语义信息的建筑物三维重建。本章针对如何利用提取到的语义信息进行三维重建这一问题，展开讨论。研究了语义信息的层次化存储，语义信息向语义建模框架的转化方法以及语义信息的解析等。

第 6 章：实验与分析。为了验证本书所提出的方法的可行性，本章采用四组实验来进行验证。首先对所使用的数据源与实验平台进行简要介绍，其次通过一个虚拟建筑的建模实验，验证语义建模框架在建筑物建模方面的可行性。在建筑物三维重建方面，本章分别以三组单体建筑点云和一组大范围建筑点云为数据源，进行单体建筑物重建实验和大范围建筑物重建实验，并通过各项精度评估来验证本书所采用方法的实用性与可行性。

第 7 章：结论与展望。本章主要对本书的研究工作和创新性方面进行总结，并对未来可能的研究工作进行展望。

第 2 章　建筑物语义三维建模框架研究

语义信息作为现实世界与虚拟世界连接的纽带，在 GIS 服务、城市规划以及位置服务等多个领域一直起到关键作用。随着近年来一些新兴技术的出现，如室内定位、自动驾驶、增强现实等，关于语义信息提取与语义场景理解的相关研究越来越受到学术界和业界的重视。而在城市三维重建领域，由于传统的三维网格模型缺乏语义信息，无法满足现今行业需要，很多人开始把目光投向了具备语义信息的建筑物三维重建研究领域。本章主要针对现有的语义三维建模技术的优势和不足，对语义建模框架的设计和自动化语义重建流程的建立进行了深入分析和阐述。

2.1　相关研究

目前，三维重建领域主要的方法包括：数据驱动方法、模型驱动方法、基于先验知识的方法与基于深度学习的方法，这四种方法都存在较明显的优缺点，虽然数据驱动方法具备较高自动化程度和精度，但却以牺牲语义信息为代价，严重限制了城市三维模型的应用范围，因此也被一些从业者诟病为"一张皮"，这也是促使很多学者进行模型单体化研究的原因（陈宇，2016）。而模型单体化，尤其是动态单体化技术，其本质可以看作是一种带有语义信息的简单模型。而一些基于模型驱动的重建方法，如基于 CGA 形状语法的建模方法，虽然在自动化程度方面存在短板，但由于该类方法可以生成具备丰富语义信息的三维模型，因此在地理信息领域得到较广泛的应用。虽然目前结合数据与 CGA 形状语法的自动化建模方法已有一些学者提出，并存在一些技术难点有待解决，但可以看出在保留语义信息的同时进一步提高重建的自动化程度已是目前三维重建领域迫切需要解决的问题。基于先验知识的三维重建方法能够较好地对数据源进行语义分割与识别，并具备较好的自动化程度，但目前该类方法在几何图形建模方面也存在较明显的局限性，往往由于缺乏强大的建模引擎或过程式建模算法的支持，导致生成的模型较为简单并需要后期对模型进行修补等操作。基于深度学习的方法，在测试数据与训练数据分布相似的情况下，优势明显，但当两者分布差别较大时，其自身对于训练样本较强的依赖性导致泛化能力和稳定性不足，现有理论仍有待完善。

为了更客观地比较现有方法的优缺点，本书对其进行了如下对比详见表 2-1。

表 2-1　　　　　　　　　　三类方法分析比较

	数据驱动方法	模型驱动方法	基于先验知识的方法	基于深度学习的方法
优点	自动化程度高	对数据源质量依赖少 模型质量较高 语义信息丰富 保留尖锐特征 不需单体化处理	自动化程度较高 对数据源依赖减弱 语义信息较丰富 保留部分尖锐特征 不需单体化处理	自动化程度高 语义信息丰富 保留部分尖锐特征
缺点	对数据源有很强依赖性 语义信息缺失 需要后期单体化处理 尖锐特征缺失	自动化程度较低 建筑规则难以检测	模型质量一般 尖锐特征仍有缺失	依赖数据样本 泛化能力不稳健 理论有待完善

从表 2-1 可以看出，虽然每种方法都有明显的优势，但也存在突出的问题，除了在自动化程度、语义信息、模型质量等方面，不同方法对数据源的依赖程度也不同，对于建筑模型要求较高的尖锐特征或棱角特征，数据驱动方法、基于先验知识方法与深度学习方法支持较差，模型驱动方法在这方面较有优势。综合考虑上述这些方法，为了能够将这些方法进行优势互补，本书提出一种以机载 LiDAR 点云为数据源，结合语义建模框架的建筑物重建方法，旨在吸取各类方法的优势，如丰富的语义信息、模型单体化、尖锐特征保留、对数据源弱依赖、准确的特征识别与分割以及较高的自动化程度等，以弥补现有方法的不足。

2.2　三维语义建模框架的分析和设计

目前，大多数与语义相关的三维重建研究中，都专注于语义信息的提取。而对于语义信息，无论是人工标注的还是自动提取的，都属于散乱无组织的数据。只有通过某种框架将这些关于建筑的语义信息组织起来才能用于三维重建。而目前已有的一些商业建筑软件（Revit、ArchiCAD）使用的方法都是针对人工交互场景设计的，缺少一个面向三维重建设计的语义建模框架，因此本节将针对面向三维重建的语义建模框架的场景分析和设计进行深入探讨。

2.2.1　场景分析

在建筑重建领域，大量的相关研究显示，对建筑进行层次化描述是目前最有效的描述方式，这种方式更接近于建筑体真实的结构，并且更适合于参数化控制和扩展应用，例如 BIM 和 GIS 的应用。而对于建筑体的层次化描述，相较于传统的基于语法规则的描述，XML（eXtensible Markup Language）技术更适合于层次化描述，它具有清晰的文档结构，具有更好的可读性，并且作为标准，很多领域都提供对 XML 技术的支持，因此具有更好的扩展性。

目前已有很多研究使用 XML 技术对建筑结构进行描述，例如，CityGML（City Geographic Markup Language），IFCXML（Industry Foundation Classes XML），gbXML（Green Building XML）。

CityGML 是由 OGC（Open Geospatial Consortium）于 2008 年提出的一种基于 XML 标准的用于表达三维城市的通用信息模型（Groger，2012）。CityGML 支持空间对象的几何、拓扑、语义、外观等属性，同时支持扩展机制。CityGML 模型在逻辑上被分为三类：核心模型、专题模型和外观模型。核心模型涵盖了整个 CityGML 中基本的核心组件，专题模型将地理空间划分为不同的类型要素，如建筑物、植被、交通、水体等，并且提供这些类别的细分类别。外观模型主要定义了一些可视化相关元素，如材质（X3DMaterial）和纹理（Texture）。

CityGML 具有语义与几何一直连贯性，在对地理实体进行语义描述时，要同时进行相应的几何描述。语义描述包含实体属性信息和实体间嵌套关系的描述，几何信息通过 4 个维度——点、线、面、体表示。CityGML 是面向对象的，不同地物类型以要素类的形式进行封装，通常在利用 CityGML 对建筑物进行描述时，先要确定地物类型与 CityGML 提供的要素类型是否完全一致，不一致的部分可以通过派生的方式进行定义。

从目前的研究来看，多数学者对 CityGML 的研究侧重于地理信息数据的存储、管理、交换和共享。欧阳群东等（2011）对基于 CityGML 的专题模型设计方法和三维空间对象的信息描述与可视化机制进行了研究。周宁曾（2009，2010）对基于 CityGML 的地形、影像数据的存储管理与可视化技术进行了研究。

gbXML 是由 Bentley System 公司于 2000 年制定的基于 XML 技术的标准（2016），用于解决不同建筑信息模型与建筑性能分析软件之间数据的交换和共享问题。目前，最新版的 gbXML 包含超过 500 个元素和属性类型，涵盖了建筑结构、采暖、通风、空调、电气和照明系统等领域，通过这些可以描述建筑的所有组成。

由于其能携带单体建筑的详细描述信息，因此 gbXML 常被用于进行建筑的能耗模拟与分析，也得到大量软件商的支持，如 Autodesk、Bentley、Graphisoft、Trimble。黄多娜（2013）曾针对建筑信息模型与能量分析程序的互动性进行过深入研究。林亚星（2016）对 BIM 技术在绿色建筑评价中的应用进行了研究。在三维重建方面，Wang 等（2012，2014，2015）在对现存建筑进行建筑节能分析研究中，提出了从点云中识别出建筑组件信息并转化为 gbXML 格式文件，以便其他热模拟分析软件使用的方法。

IFC/IFCXML 是由国际协作联盟 IAI（International Alliance of Interoperability）制定的（BuildingSmart，2016），旨在实现建筑信息的系统集成、建筑信息的数据交换与共享而定义的一种信息模型标准，通过 IFC 可以描述建筑和施工的整个过程。IFC 是一个平台中立的、开放的标准。IFC 标准是基于 STEP 标准制定的，采用一种面向对象的描述性语言 EXPRESS 来进行描述，同时提供对 XML 数据模型的支持——IFCXML，并且包含几百个关系实体模型，这些模型以类似于面向对象的继承层次结构的方式组织在一起。

IFC 包含四个层次：资源层（Resource Layer）、核心层（Core Layer）、共享层（Interoperability Layer）和领域层（Domain Layer），如图 2-1 所示。资源层是

最底层，定义了 IFC 标准中描述模型的基本信息，如几何信息、材料信息、成本信息等。核心层在资源层的基础上，定义了一些最常见的实体，每个实体都有唯一的标识码。共享层对多个领域共有的一些实体和关系模型进行了定义，简化不同领域之间信息的交换与共享。领域层作为最顶层，对各个专业领域的概念进行了定义，如建筑组件中的墙、柱、梁等。而对于三维实体的几何描述，主要由资源层的几何资源类负责。

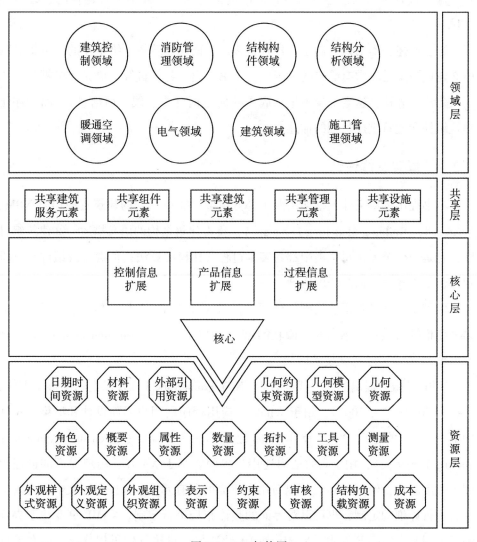

图 2-1　IFC 架构图

从目前的研究来看，CityGML 与 gbXML 能够对建筑信息进行描述，用于各种分析查询应用等，但是由于它们记录的是建筑的详细信息，尤其是底层几何信息，如点、线、面等，这使得 CityGML 和 gbXMl 文件的可读性差，在描述复杂结构建筑时，必须借助第三方建模软件平台，因此 CityGML 与 gbXML 更侧重于数据的存储、交换和共享。而对于 IFC/IFCXML，虽然描述的信息可以覆盖建筑的整个施工周期，但由于其考虑得过于全面，导致架构过于庞大，更适合于施工过程中的信息建模或软件之间的信息共享，并不适合建筑的三维重建领域。

综上所述，本书认为制定一种轻量级的，面向建筑物三维重建的、可扩展的语义建模框架是非常有必要的。因此，本书提出一种轻量级的语义建模框架，为了简化语义表达，这套框架不记录底层几何数据（点、线、面信息），而专注于建筑组件和建筑重建过程的描述。

2.2.2　框架总体设计

本书提出的语义建模框架由两个部分组成：①可扩展的建筑建模语言 XBML（eXtensible Building Modelling Language），负责建筑结构的语义描述；②建筑组件库，它是一个类库，每个类中都封装了过程式建模的算法，负责建筑组件在三维建模引擎中具体几何算法的实现。

区别于其他基于语法规则的建模方法和基于 XML 技术的方法，本书提出的语义建模框架最初灵感来源于微软的 WPF（Windows Presentation Foundation）技术框架与 Adobe 的 Flex 技术框架。

WPF 是微软提出的新一代运行于 . NET Framework 3. 0 及以上的图形子系统，（Solis, 2009；C., 2007），用于 Windows 应用程序的用户界面设计和渲染。WPF 中引入了一种基于 XML 技术的标记语言——XAML（eXtensible Application Markup Language），用于高效地描述用户界面。基于 XAML，用户界面的创建得到大幅度简化，使用 XAML 可以对用户界面的所有元素，如按钮、文本、列表框等，进行详细的定制，也可以对界面的整体布局进行定制。XAML 更专注于界面编程，因此在实际开发中，XAML 使 UI 设计与逻辑执行代码相分离，而在编译期 XAML 将转译成对应的 . net 语言代码，并和逻辑执行代码一同被编译，生成应用程序。

Flex 是由 Adobe 推出的基于 Macromedia Flash 平台的开源框架。通过 Flex 使得构建出具有表现力的 Web 应用成为可能。Flex 中引入了 MXML 界面描述语言，一种基于 XML 标准的标签语言，MXML 中的标签和属性（attribute）与 ActionScript3 中的类及其属性（property）是相对应的。一个基于 Flex 的应用程序主要由 ActionScript3 代码与 MXML 代码组成，当编译 Flex 程序时，MXML 将解析成相应的 ActionScript3 代码，并与已有 ActionScript 文件一同编译为 swf 文件。

2.2.3　可扩展的建筑建模语言 XBML

本书借鉴了上述两种技术的设计特点，将建筑的描述与逻辑重建算法相分离。为此，我们提出一种基于 XML 的可扩展的建筑建模语言——XBML，它是专注于建筑体描述的语言，用于构建三维建筑模型（图 2-2）。每一个 XBML 标签都对应于一个预定义的建筑组件类，这些预定义的组件类是基于支持脚本开发的三维建模平台，如 3ds Max 等，每个类中都封装了相应的几何建模算法。

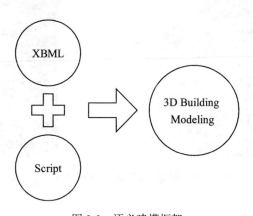

图 2-2　语义建模框架

与 CGA 形状语法和切割语法相比，XBML 具备一些独特的优势：

（1）XBML 是面向对象的，具有更好的可读性，更便于描述建筑物结构和信息维护；

（2）XBML 中的所有标签和属性（attribute）都与预定义的建筑组件库中的

25

类及其属性（property）一一对应，组件库中的类都可以通过继承或组合进行扩展，便于进一步组件的扩展，如屋顶和坡屋顶，窗户与滑动窗户等；

（3）建筑的语义描述与几何建模算法逻辑相分离，无论是自动重建还是人工建模，用户只需要专注于建筑体的语义描述，无需考虑几何建模具体细节，从而避免了复杂的建筑几何规则描述。

相较于 CityGML、gbXML 和 IFC/IFCXML 这些标准，XBML 不记录底层的几何信息，如点、线、面的坐标信息，在语义上它具有更粗的粒度，因为 XBML 对应的几何逻辑层是基于三维建模平台的，因此 XBML 更轻量级，语义表达更紧凑，文件更小，更适合复杂建筑的描述。

通过 XBML，建筑的建模过程可以转化为语义的描述过程，语义描述的精度依赖于建筑体分割的粒度。目前，在建筑建模领域，主要有以下两种建筑分割策略（图 2-3）：

图 2-3　立面优先分割策略与楼层优先分割策略

（1）立面优先分割策略。该策略更侧重立面上的几何规则，适合于将立面切割成更小的瓦片。这些瓦片再根据窗户或者门等建筑组件的形状进行再分割。这种策略正是切割语法与 CGA 形状语法采用的策略。

（2）楼层优先分割策略。该策略侧重于建筑本身的层次结构，更接近于建筑的实际建造过程，立面被以楼层为单元分割为不同的墙面。与上一种策略相比，这种策略更加合理，符合实际，因此很多专业的建筑类软件，如 revit、ArchiCAD，多采用该策略对建筑进行描述。

考虑到与 GIS 领域和 BIM 领域的兼容性，本书提出的 XBML 采用楼层优先分割策略。除此之外，为了增加语法表达的能力，我们引入了 WPF 中的附加属性语法（Attach property syntax），以增强对建筑层次结构的描述能力。附加属性是一种特殊的属性，它在某一个类中被定义，而在另一个类中使用，本书将在第 5 章对其进行详细阐述。

图 2-4 是一个 XBML 描述建筑并产生模型的例子。XBML 代码详细如图 2-4 所示：

```
<Building height="7.28" name="building1" type="#shape" points="135.117,...">
    <Floor height="2.65">
        <Facade maxpt="135.108,73.0606,114.67" minpt="92.6857,34.7895,112.02">
            <StackWall length="*" repetition="15" margin="2.0">
                <Window depth="0.3" height="1.5" pos="1.8,2.0,0" width="1.68357"/>
            </StackWall>
        </Facade>
    </Floor>
    <Floor height="4.53">
        <Facade maxpt="135.108,73.0606,119.2" minpt="92.6857,34.7895,114.67">
            <StackWall length="*" repetition="15" margin="2.0">
                <Window depth="0.3" height="1.5" pos="1.8,2.0,0" width="1.68357"/>
            </StackWall>
        </Facade>
    </Floor>
    <PitchedRoof cycles="2,3,1 2,1,4" planes="0.08453,0.09363,0.992,..."/>
</Building>
```

图 2-4　XBML 代码与对应的模型

2.2.4　建筑组件库设计

本书在建筑组件库中预定义了与 XBML 对应的基础组件类，在该组件库中，这些组件类可以视为不同的容器，它们的继承关系如图 2-5（a）所示，以立面为例，立面类是墙体类及其派生类的容器，墙体类具有布局管理功能，用来对立面组件进行布局管理，如门窗、窗台等。图 2-5（b）描述了组件类之间的层次关系。

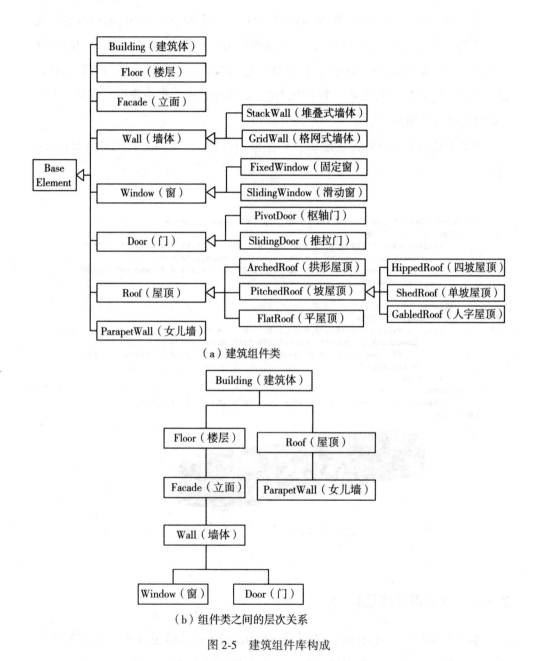

（a）建筑组件类

（b）组件类之间的层次关系

图 2-5　建筑组件库构成

2.3 基于语义建模框架的自动化三维重建流程

基于该语义建模框架，本书提出了一套利用该框架进行建筑物自动化三维重建的工作流程，如图 2-6 所示。

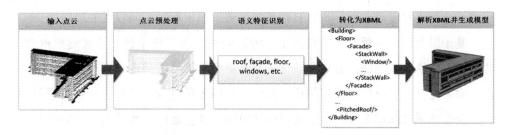

图 2-6　语义建模流程

该流程大致分为五个部分：

（1）首先输入已被分割出来的建筑物点云。

（2）为了减少点云噪声和不均匀性的影响，对点云进行预处理，包括：点云降采样、去噪、地面剔除等处理。

（3）将经过预处理的点云输入到语义特征识别模块，该模块主要结合先验知识，对建筑点云进行分割，并在此基础上对建筑的语义特征如屋顶、屋檐、女儿墙、立面、楼层、门窗等特征进行识别和语义信息提取。

（4）这一步主要负责将上一步骤提取的语义信息转化为建筑物的语义描述 XBML，其中涉及语义信息的层次化存储与输出。

（5）解析 XBML 并产生三维模型。由于不是单纯的 XML 解析，而是从 XBML 向三维建模平台支持的编程语言（MAXScript、Python）的解析，所以需要对 XBML 解析器的设计进行研究。

围绕该自动化流程，本书将在后续章节为该流程中涉及的关键技术和研究进行深入阐述。

2.4　本章小结

　　本章重点分析了当前主流的三种城市重建方法：数据驱动的方法、模型驱动方法、基于先验知识的方法以及深度学习方法的优势和劣势，发现各类方法分别在数据源依赖度、模型质量和精度、语义信息丰富程度、尖锐特征保留、单体化程度、自动化程度等方面，有各自独特的优势，但也存在不同程度的局限性。

　　基于以上这些分析，本书提出了一种面向建筑物三维重建的语义建模框架，相较于形状语法规则建模方法，该方法具有更好的语义表达能力和可读性、更加面向对象化，并且通过将建筑的语义描述与几何建模过程相分离，使得建模过程只需要关注语义描述部分。由于是面向建筑物三维重建的，所以语义标签和参数的设计更适用于从点云提取的语义信息的表达，从而简化了三维重建的流程。

　　在此基础上，本书建立了一套基于语义建模框架的建筑物自动化三维重建流程。

第3章 机载 LiDAR 点云建筑物检测

从 LiDAR 点云中对建筑物进行三维重建的前提是有效的建筑点云分类，并对建筑物点云实现有效提取。目前针对这一问题已有大量相关研究（张小红，2002；刘经南，2003；刘经南，2005；W. Zhang et al，2016），由于机载 LiDAR 系统特性，点云信息中不仅包含位置信息，还包含多次回波与回波强度信息，因此可以利用这些特征辅助建筑物检测。从现有研究来看，建筑检测大致分为三步：①非地面点滤波；②点云分类与分割；③建筑物点云提取。本章将围绕这些内容进行阐述。

3.1 机载 LiDAR 系统

LiDAR 系统可以搭载不同的平台组合，如车载式、便携式、机载式。车载式与便携式更侧重于地面测量工作，适用于中小型尺度场景，如室内或中小型建筑结构。对于大范围区域，采用直升机或无人机搭载 LiDAR 的机载式方案是最佳选择，为了适应高空作业，机载 LiDAR 系统在组成与工作原理上与车载式和便携式存在较大差异。

3.1.1 系统组成

作为主动式光学传感系统，机载 LiDAR 系统最早出现时间可以追溯到 20世纪 60 年代，其系统经过数十年的改进，从最初的机载激光轮廓仪到现如今惯导测量单元（Inertial Measurement Unit，IMU）、全球定位系统（Global Positioning System，GPS）、机载激光扫描仪（Airborne Laser Scanner，ALS）多设备集于一体，机载 LiDAR 系统得到了大幅度改进，并成功商用化（Petri. G et al，2008）。目前，成熟的机载 LiDAR 系统主要由以下几部分组成：

（1）激光测距仪，由激光发射装置与接收装置组成，通过向目标发射激光脉冲，再接收目标反射回的脉冲，并计算脉冲时间差确定发射点与目标点的距离。

（2）惯导测量装置，也简称为 IMU，主要由陀螺仪与加速度计组成，负责记录飞行过程中激光测距仪的每个轴向位置的瞬时姿态信息，包括航向角、俯仰角、翻滚角。

（3）动态差分 GPS 系统，用于在整个飞行过程中记录激光扫描仪的空间位置信息。

（4）图像采集装置，记录地面影像信息或多光谱信息，用于后期数据处理参考。对于无人机，考虑到承重能力，该装置为可选项。

机载 LiDAR 系统组成与工作原理示意图如图 3-1 所示。

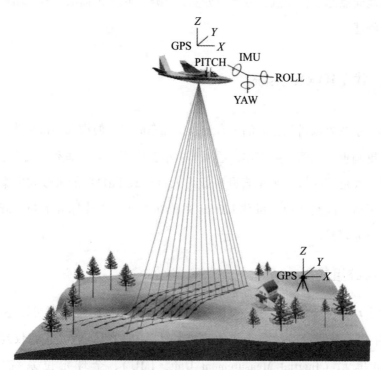

图 3-1　机载 LiDAR 系统组成与工作原理示意图

3.1.2 工作原理

机载 LiDAR 系统利用激光测距仪，向地面目标发射激光脉冲，并接受目标反射回的激光脉冲，利用"双路"时间测量原理，对脉冲的时间差进行计算，获取发射点到地面目标的距离（式（3-1））。

$$D = c \cdot t/2 \tag{3-1}$$

在飞行过程中，GPS 与 IMU 记录了激光发射点的位置与姿态参数，结合这些信息便可求解地物目标的空间坐标。

如图 3-2 所示，设空间向量 R，其模为 r，姿态参数为（φ，ω，κ），已知向量 R 起点 O_s 的坐标为（X_s，Y_s，Z_s），则向量 R 的另一端 P 点坐标可唯一确定。

起点 O_s 为激光发射点，即激光发射器中心，其坐标（X_s，Y_s，Z_s）由动态差分 GPS 获取；向量 R 的模由激光测距仪测定，即发射点到地面目标点的距离；姿态参数（φ，ω，κ）由惯性导航装置获取。

机载 LiDAR 组成复杂，每种装置都存在不同程度的偏差，如激光测距仪与 GPS 天线相位中心的偏差，激光测距仪安置角偏差，IMU 相对于 GPS 天线中心的偏心矢量，IMU 装置同载体坐标间的坐标轴偏差等。为了消除这些误差，需要在地面检校场进行检校。

除了能够获取位置信息，机载 LiDAR 还能通过单次发射的激光脉冲获取多次回波信息，这主要是由激光脉冲的发散形成的光斑打在地面目标的不同位置或穿透目标物导致多个反射脉冲引起的。多次回波较多发生在植被覆盖区，因此多回波信息常用于植被检测与分类，建筑与道路等不可穿透物体通常只会有一次回波。

受到地面目标物表面介质的影响，每次激光脉冲回波的强度会有所不同，机载 LiDAR 系统能够有效记录回波强度信息，该信息主要是由目标表面类型与特征、激光脉冲的发射波长、目标物体反射特性决定，因此常用于辅助点云分类与特征提取。

3.1.3 机载 LiDAR 点云

在初期，LiDAR 点云的存储格式有多种形式，制造商出于商业利益会制定自

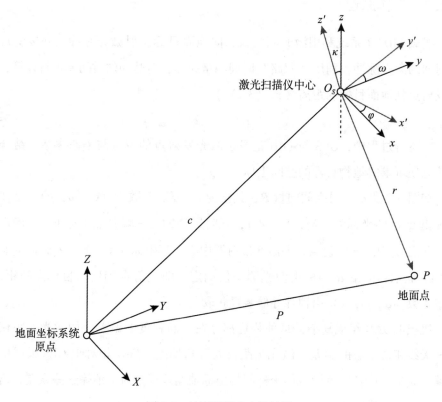

图 3-2　地面目标点坐标计算

己的标准格式或者以文本文件的形式存储点云，为数据的交换带来不便。为了规范行业数据标准，ASPRS 组织在 2003 年发起并制定 LiDAR 数据交换格式标准 1.0 版本——LAS1.0 格式。经过多年的发展，该数据格式已扩展到 1.4 版本，于 2019 年推出。从业界来看，目前各大软件厂商使用得最多、支持最完善的仍是 2008 年推出的 LAS1.2 版本。

以 LAS1.2 为例，.las 文件中存储的数据属性包括：点云的坐标位置（X，Y，Z）、回波强度信息、回波次数信息、光谱信息（R，G，B）等。完整的 LAS 文件由三部分组成：公共文件头区（Public Header Block）、变长记录区（Variable Length Records）、点集记录区（Point Data Records）。

1）公共文件头区

公共文件头区主要包含描述 LiDAR 数据的基本信息的元数据，包括：点记录总数、点记录长度、测区范围、主副版本号、文件日期等。具体见表3-1。

表3-1 公共文件头区

Item	Format	Size
File Signature（"LASF"）	char［4］	4 bytes
File Source ID	unsigned short	2 bytes
Global Encoding	unsigned short	2 bytes
Project ID-GUID data 1	unsigned long	4 bytes
Project ID-GUID data 2	unsigned short	2 bytes
Project ID-GUID data 3	unsigned short	2 bytes
Project ID-GUID data 4	unsigned char［8］	8 bytes
Version Major	unsigned char	1 byte
Version Minor	unsigned char	1 byte
System Identifier	char［32］	32 bytes
Generating Software	char［32］	32 bytes
File Creation Day of Year	unsigned short	2 bytes
File Creation Year	unsigned short	2 bytes
Header Size	unsigned short	2 bytes
Offset to point data	unsigned long	4 bytes
Number of Variable Length Records	unsigned long	4 bytes
Point Data Format ID（0-99 for spec）	unsigned char	1 byte
Point Data Record Length	unsigned short	2 bytes
Number of point records	unsigned long	4 bytes
Number of points by return	unsigned long［5］	20 bytes
X scale factor	double	8 bytes
Y scale factor	double	8 bytes
Z scale factor	double	8 bytes
X offset	double	8 bytes
Y offset	double	8 bytes
Z offset	double	8 bytes

续表

Item	Format	Size
Max X	double	8 bytes
Min X	double	8 bytes
Max Y	double	8 bytes
Min Y	double	8 bytes
Max Z	double	8 bytes
Min Z	double	8 bytes

（1）文件签名（File Signature）：该项必须包含"LASF"字符；

（2）文件源 ID（File Source ID）：如果该文件来自原始航线，则该字段指航线编号，取值在 1 到 65535；

（3）全局编码（Global Encoding）：一个位字段用于显示某些全局属性；

（4）项目 ID（Project ID）：包含全局唯一标识符的项目 ID；

（5）主副版本号（Version Major/Minor）：两者组成完整版本号；

（6）系统标识符（System Identifier）：硬件系统标识，文件合并、修改、提取、重投影、重缩放等操作标识；

（7）生成软件（Generating Software）：生成点云的软件包与版本号；

（8）文件创建日期（File Creation Day of Year、File Creation of Year）：文件创建的格林尼治日与年份；

（9）文件头大小（Header Size）：公共文件头区所占的字节大小；

（10）点数据偏移量（Offset to Point Data）：从文件起始位置到点集记录区的字节偏移量；

（11）变长记录区数量（Number of Variable Length Records）：当前变长记录区记录的数量；

（12）点集格式 ID（Point Data Format ID）：点集格式的编号，LAS1.2 定义了 4 种类型（0，1，2，3）；

（13）点集记录区大小（Point Data Record Length）：点集记录区所占用的字节大小；

（14）点记录数量（Number of Point Records）：点记录全部数量；

（15）每次回波点数（Number of Points by Return）：记录每次回波得到的点记录数；

（16）X，Y，Z 缩放因子（X，Y，and Z Scale Factors）：X，Y，Z 坐标的缩放因子；

（17）X，Y，Z 偏移因子（X，Y，and Z Offset：）：X，Y，Z 坐标偏移因子；

（18）最大和最小 X，Y，Z（Max/Min X，Y，Z）：测区范围。

2）变长记录区

变长记录区主要用作记录地理参考信息，公共文件头后面会有一个或多个变长记录区，变长记录区包含一个变长记录文件头，包含用户 ID、记录 ID、头文件后记录长度、数据的文本描述等。

3）点集记录区

点集记录区用来记录点的坐标、强度、回波次数等信息，目前点集记录格式有 4 种类型（format 0，1，2，3），信息最全的是 format 3，见表 3-2。

表 3-2   点集记录区

Item	Format	Size	Format i
X	long	4 bytes	0, 1, 2, 3
Y	long	4 bytes	0, 1, 2, 3
Z	long	4 bytes	0, 1, 2, 3
Intensity	unsigned short	2 bytes	0, 1, 2, 3
Return Number	3 bits (bits 0, 1, 2)	3 bits	0, 1, 2, 3
Number of Returns (given pulse)	3 bits (bits 3, 4, 5)	3 bits	0, 1, 2, 3
Scan Direction Flag	1 bit (bit 6)	1 bit	0, 1, 2, 3
Edge of Flight Line	1 bit (bit 7)	1 bit	0, 1, 2, 3
Classification	unsigned char	1 byte	0, 1, 2, 3
Scan Angle Rank (−90 to +90) −Left side	unsigned char	1 byte	0, 1, 2, 3
User Data	unsigned char	1 byte	0, 1, 2, 3
Point Source ID	unsigned short	2 bytes	0, 1, 2, 3
GPS Time	double	8 bytes	1, 3
Red	unsigned short	2 bytes	2, 3

续表

Item	Format	Size	Format i
Green	unsigned short	2 bytes	2, 3
Blue	unsigned short	2 bytes	2, 3

Format 0 是最基本记录格式，format 1/2/3 都是基于 format0 进行的扩展。

（1）X，Y 和 Z：以长整型存储的 X，Y，Z 值。X，Y 和 Z 需要与缩放系数、偏移量结合使用来确定最终的点坐标（式（3-2））：

$$X_{coordinate} = （X_{record} * X_{scale}）+X_{offset}$$
$$Y_{coordinate} = （Y_{record} * Y_{scale}）+Y_{offset} \qquad（3-2）$$
$$Z_{coordinate} = （Z_{record} * Z_{scale}）+Z_{offset}$$

（2）强度（Intensity）：该点强度信息；

（3）回波序号（Return Number）：由回波顺序确定的回波序号，从 1 到 5；

（4）回波次数（Number of Returns）：发射激光后，接收到的回波次数；

（5）扫描方向标记（Scan Direction Flag）：bit1 表示从左到右正向扫描，bit0 表示反方向；

（6）航线边缘（Edge of Flight Line）：当激光点处在扫描线末端时，该项为 bit 1；

（7）类别（Classification）：用于分类点云，对于未分类点云该项值为 0。目前预定义 10 个类别，见表 3-3：

表 3-3　　　　　　　　　　　　　分 类 等 级

Classification	Meaning
0	Created, never classified 新创建文件
1	Unclassified 未分类
2	Ground 地面点
3	Low Vegetation 低矮植被
4	Medium Vegetation 中高度植被
5	High Vegetation 高植被
6	Building 建筑体

续表

Classification	Meaning
7	Low Point（noise）低矮点或噪声
8	Model Key-point（mass point）模型关键点
9	Water 水体

（8）扫描角度等级（Scan Angle Rank）：激光脉冲发射时的角度，在有效范围-90°到+90°内，占 1 字节数值；

（9）用户数据（User Data）：用于用户备注；

（10）点源 ID（Point Source ID）：点源号；

（11）GPS 时间（GPS Time）：获取激光点信息的瞬时时间标记；

（12）Red，Green 和 Blue：表示与该点关联的红绿蓝波段值。

3.1.4 机载 LiDAR 点云建筑检测流程

机载 LiDAR 点云数据中包含多种地物类型，为了能够得到建筑物点云，需要经过点云滤波、点云分类、单体建筑物点云簇抽取等过程，如图 3-3 所示。

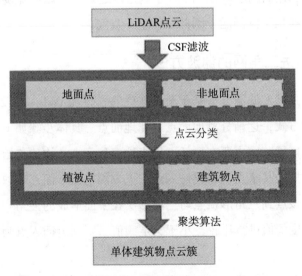

图 3-3　建筑检测流程

点云滤波的主要工作是利用合理的滤波算法分离出地面点与非地面点。在此基础上，利用特征提取算法对非地面点进行特征提取，分类出建筑物点云与非建筑物点云。最后，利用聚类或分割算法，对单体建筑物点云簇进行提取。

3.2　基于机载 LiDAR 点云的建筑物滤波方法研究

针对 LiDAR 点云的滤波主要是将地面点与非地面点进行分离，目前主流的方法主要分为：基于坡度的滤波方法、基于渐进三角网的滤波方法、基于形态学的滤波方法以及基于布料模拟的滤波方法。

3.2.1　基于坡度的滤波方法

基于坡度的滤波方法最早是由 Vosselman 提出的（2000），其根据地形高差变化确定最佳滤波函数。其具体算法主要基于假设：对于一个给定的激光点，如果该点与其邻域点的斜率小于给定的坡度阈值，则该点归类为地面点。该算法在地形较为平坦，点密度均匀的情况下取得的效果较为理想，对于建筑密集城区或陡峭地形，效果不佳。由于该算法思想简单，一些改进算法被提出（Sithole，2001），试图弥补该方法的不足，但仍有不完善之处，难以避免陡峭区域点分布不均匀导致的鲁棒性下降问题，因此有待进一步完善。

3.2.2　基于渐进三角网的滤波方法

基于渐进三角网的滤波方法基于渐进迭代的思想（Axelsson，2000），通过迭代加密三角网的方式，逐渐分离地面点与非地面点。具体步骤如下：

首先，选取区域范围内所有最低点作为地面种子点，构建初始稀疏 TIN 网；

其次，逐级插入其余点，利用插入点正下方的三角形面，获取插入点到三角形面垂直距离和该点到三角形顶点与三角形所在平面形成的夹角中的最大角，并与距离阈值和角度阈值进行比较，小于给定阈值，则判定插入点为地面点，否则为非地面点；

最后，完成上一步迭代，将判定为地面点的所有插入点，添加到现有 TIN 网中，重新构造 TIN 网，重复上一步骤直到没有点满足距离阈值和角度阈值为止。

　　渐进三角网滤波方法适用于更复杂的地形，能较好地分离出地面点与非地面点，但该方法需要合理的阈值，对于不同地形，阈值的设定往往差别较大，因此在实际应用中，需要经过多次尝试来确定合理的阈值。

3.2.3　基于形态学的滤波方法

　　基于形态学的滤波方法来源于数字图像处理领域的形态学方法。早期来自斯图加特大学的 Lindenberger（1993）利用形态学理论对 LiDAR 点云进行了滤波研究。Kilian 针对该理论提出了改进的形态学点云滤波方法（Kilian，1996），该方法在形态学的基础上，提出以移动窗口为分析单元，利用开运算，通过腐蚀与膨胀处理，对窗口中点的高程进行统计分析，提取地面点和非地面点，最终生成DEM 的方法。目前形态学滤波有两种形式：①网格滤波方式，将整体激光点云进行格网化，再将每个网格看作像素，按照图像处理中的开运算进行处理；②离散点滤波方式，以每个离散点为中心开辟固定窗口进行处理。离散点滤波方式更为灵活，其算法描述如下：

　　首先，离散点腐蚀处理。遍历离散点，以每个点 P 为中心，开辟固定尺寸的窗口，比较窗口内各邻域点的高程值，P 点高程取窗口邻域内最小高程值，得到 P'。

　　其次，离散点膨胀处理。对经过腐蚀处理的离散点进行遍历，以每个点 P' 为中心，开辟固定尺寸的窗口，比较窗口内各邻域点的高程值，P' 点高程取窗口邻域内最大高程值，得到点 P''。

　　最后，提取地面点。设定阈值 c，对经过膨胀处理的离散点进行遍历，比较经过每个点 P'' 与原始点 P 的高程差 dH，若 dH 小于阈值 c，则认为该点为地面点，否则为非地面点。

　　形态学滤波方法简单直观效率高，在针对建筑物这类大型地物滤波中，具有比较好的效果，但在实际操作中，需要人工指定合理的窗口尺寸，对于密集程度不同的城区，窗口尺寸有较大差别。

3.2.4　基于布料模拟的滤波方法

　　基于布料模拟的滤波方法（Zhang，2016）本质上是一种表面拟合滤波方法，但本身不需要过多的参数设置，在梯度变化幅度大的地方，依然具有较好的效果。该方法借鉴了计算机图形学中的布料仿真技术，通过将激光点云进行翻转，并模拟刚性布料覆盖在反转后表面的情形，分析布料节点与点云之间的相互作用，从而确定布料节点最终位置并拟合近似地表形状，最后，通过比较点云中离散点与布料拟合曲面间距离来判定地面点与非地面点。图 3-4 为布料模拟滤波算法示意图。

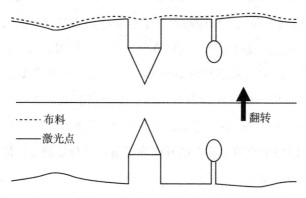

图 3-4　布料模拟滤波算法示意图（Zhang，2016）

布料形状计算：

$$m \frac{\partial X(t)}{\partial t^2} = F_{ext}(X, \ t) + F_{int}(X, \ t) \qquad (3\text{-}3)$$

式中，X 代表时刻 t 质点的位置；F_{ext} $(X, \ t)$ 表示质点在 X 位置所受到的外部作用力；F_{int} $(X, \ t)$ 表示时刻 t，格网点在 X 位置所受到的牵引力。

布料网格的形状由网格上的节点位置所决定，当受到作用力时，节点会产生相应的位移，如图 3-5 所示。

为了用于 LiDAR 点云滤波中，Zhang 等在布料仿真的基础上进行了改进：①约束布料格网点仅在垂直方向运动，简化了格网点与相邻激光点的碰撞检测；②当格网点与激光点发生碰撞时，布料格网点设为固定点；③将受力分为两步求解，以便简化求解过程，提高性能。

布料模拟滤波方法适用于多种地形，所需设置的参数较少，而且提取精度较高，因此本书采用该方法分离地面点与非地面点。

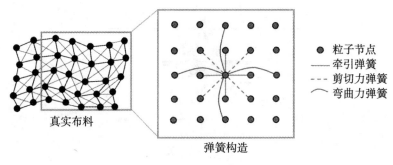

图 3-5 布料网格模型

3.3 建筑点云分类与分割

在获取的城区非地面点云中，地物类型主要包含植被、道路、水体、裸地和建筑物。对于大多数地物类型，可以通过高度特征进行区分，但对于植被，不仅在高度上与建筑较相近，还存在对建筑体的遮挡与贴近的现象，需要借助多种特征进行区分并利用聚类算法提取出单体建筑物点云。

3.3.1 两次回波高程差

基于机载 LiDAR 系统硬件结构特点，机载 LiDAR 发射的激光脉冲并非是理想条件下的一条直线，而是呈现出具有一定发散角度的激光波束，在目标物上会形成具有一定尺寸的光斑，其大小主要由发散角与飞行高度决定。当光斑落在植被上时，由于植被形态结构稀疏，部分落在枝叶上的光斑反射回去，形成首次回波，其他部分光斑继续穿过缝隙到达更低位置，形成第二次回波，依次类推，可以形成多次回波，并且回波次数越靠后，高程越低（图 3-6）。相对而言，建筑物的屋顶具有较平整致密结构，除了边缘处，光斑几乎完全落在屋顶面上，仅形成一次或更少次数的回波，首次与末次回波高差相对于植被来说，高差更小。因此，在非地面点基础上，利用两次回波高程差可以识别出建筑物与植被点云。

3.3.2 两次回波强度差

除了两次回波高程差特征，回波强度特征也是非常重要的特征线索。不同介

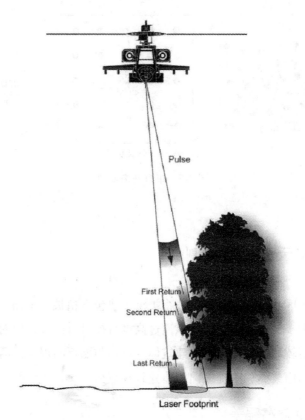

图 3-6　多次回波高程差现象（Brennan，2006）

质的表面反射系数会影响激光脉冲回波能量的多少，而介质的激光反射稀疏取决于激光波长、介质材料以及介质表面明暗黑白程度。然而，受到扫描系统、飞行高度、天气状况等因素的影响，同一介质的激光脉冲回波强度系数存在很大差异，难以建立回波强度与介质的对应关系（刘经南，2005），因此，难以直接利用回波强度进行建筑物与植被分类。

为了避免这个问题，我们利用同一束激光的首末回波强度特征，因为同一束激光的首末回波影响因素差异完全可以忽略不计。对于贴近建筑体的植被，由于介质不同，两次回波强度会有显著差异。对于完全落在植被上的激光脉冲，由于光斑会落在树叶、树干、地面等不同位置，回波强度也会存在较明显差异。而对于建筑屋顶，由于材质的统一，回波强度始终较小。所以，基于此方法可以进一步将贴近植被与残余点云进行分类，检测出建筑物点云。

3.3.3 单体建筑点云分割

在得到建筑点云后，为了便于后续针对单体建筑的语义信息提取与三维重建，需要对建筑点云进行聚类分割，现有点云聚类分割方法研究较多，如欧氏聚类、区域生长聚类等。

在剔除了地面点、大部分植被点的情况下，建筑点云间的分离度较好，因此，本书采用欧氏聚类方法对单体建筑点云簇进行提取。其聚类过程如下：

（1）首先构建 kd-tree，便于后续邻域搜索；

（2）选取种子点，对种子点进行邻域搜索，将邻域范围内搜索到的点与种子点归为同一聚类簇 C；

（3）在聚类簇 C 中选取新的种子点，继续执行步骤（2），直到 C 中点在邻域范围内无法搜到点；

（4）统计聚类簇 C 中的点数，若点数在阈值 max_num 区间内，则保存聚类簇 C；

（5）在剩余点云中，执行步骤（1）到（5），直到所有点归为聚类。

3.4 本章小结

本章首先在简要介绍机载 LiDAR 系统的组成与工作原理的基础上，对机载 LiDAR 点云数据格式进行了分析。然后，围绕基于机载 LiDAR 点云建筑物检测，分析了现有主流 LiDAR 点云滤波方法的优势和不足，并基于布料模拟滤波算法获得了地面点与非地面点的分离。在获得非地面点后，再利用点云高度信息、首末两侧回波高程差信息分离出建筑物与植被，并通过首末两次回波强度差信息，进一步剔除掉贴近建筑物植被，从而获取建筑物点云。最后，借助欧氏聚类分割算法实现单体建筑物点云簇提取。

第4章　基于点云的建筑物语义信息提取

近年来，随着无人驾驶技术、室内三维地图等技术的兴起，语义特征识别、语义信息提取等相关研究受到越来越多的重视，现阶段已有大量的相关研究。本章将基于机载 LiDAR 扫描数据，对建筑语义信息的提取进行深入讨论。

4.1　相关研究

三维点云的语义信息提取是对点云中的视觉语义特征进行识别的过程。早期大量相关研究基于二维图像（王惠锋等，2002；陈久军，2006；张磊，2008；高隽等，2010；张素兰等，2012；陆泉等，2014；王凤姣，2014；杨雪，2015；罗世操，2016；陈鸿翔，2016），对图像中的颜色、纹理、光照等信息进行分析，实现语义标注。但以图像为数据源存在一些局限性：环境光对颜色的影响、影像存在畸变等，如果是机器学习方法，还需要考虑训练数据集的大小。随着数据采集技术的进步，基于三维扫描数据的语义信息提取研究逐渐增多，从目前已有的工作来看，以点云数据为数据源的语义特征识别主要归为两大类：基于点云聚类的识别方法和基于关键点的识别方法。

基于点云聚类的识别方法是指通过对点云场景进行预分割操作，将点云场景分割为不同的聚类，然后分析聚类之间的关系并进行编码，用于分类识别。在实际应用中，顾及颜色信息受光照影响较大，往往只对三维几何信息进行编码。这其中涉及的关键技术主要是点云分割，较经典的分割算法包括：RANSAC（Random Sample Consensus）算法、区域生长（Region Growing）算法、欧氏距离聚类（Euclidean Cluster Extraction）算法、基于最小分割（min-cut）算法等。除此之外，很多学者根据自己的需求，提出了自己的分割和聚类算法。Hui Lin 和

Jizhou Lin 等（2013）在基于点云的居民地语义分割与重建研究中，采用了超像素的方法，将点云场景分割成不同聚类，对一些常见地物，如建筑、植被、路灯、汽车等进行识别。然后基于各种约束，如平面约束、对称约束、凹凸约束等分割算法，实现对低矮房屋的语义分割。在关于坡屋顶分割研究中，作者 Fan 等（2014）在屋脊点云检测时，使用高度分级的方法对屋顶点云进行分割，然后根据这些分割后的聚类的密度和高度筛选出屋脊点云。Roggero（2012）曾提出利用对 n 维向量进行主成分分析产生的五维特征向量作为约束，对机载 LiDAR 点云进行层次聚类的方法。Biosca（2008）曾提出模糊聚类的方法，用于平面的提取。Pu 和 Vosselman（2009）提出了基于先验知识的分割方法，实现对建筑组件的较精确分割和识别。Chao-Hui Shen 等（2011）针对低质量点云的分割，提出了一种自适应的建筑立面点云分割方法，该方法在借助一些先验知识的基础上，能够实现建筑物立面扫描点云精确的自适应分割。Schnabel 等（2008）在关于点云的形状识别研究中，提出了改进 RANSAC 算法，用来识别建筑体上的各种图元，这些图元用于建筑组件，如屋顶、门窗、楼梯等的识别。

相较之下，基于关键点的识别方法不需要聚类或预分割操作，但需要提取三维场景的关键点，在指定邻域范围内计算并生成特征描述子，然后用单个模型的特征描述子与所有关键点的特征描述子匹配，找到可能的候选结果。目前主流的特征提取算法主要有：PFH（Point Feature Histograms）、SIFT（Scale-Invariant Feature Transform）（Lowe，1999）、Harris（Harris，1988）、SURF（Bay，2006）等算法。除此之外，一些学者不断提出新的方法，Gumhold（2001）提出一种利用黎曼图（Riemannian Graph）记录点云邻接关系，通过估算每个点邻域协方差矩阵特征值的方式来判断特征点的方法，通过该方法可以在无表面重建的条件下直接进行特征线的提取。Daniels 等（2007）提出基于移动最小二乘的特征提取算法，该方法通过计算每个点到拟合曲面的残差来确定特征点。Weber 等（2010）基于尖锐特征附近的面片具有切向不连续性的特点，提出了一种利用高斯映射进行聚类的点云特征点提取算法。该方法无需预先进行表面重建，因此在计算速度上较有优势。还有一些学者针对点云边界轮廓上的特征点的提取进行了深入研究，Rosenfeld（1998）曾提出利用局部曲率最大点寻找特征点的方法。Soo-Chang Pei 和 Chao-Nan Lin（1992）早期曾基于多尺度滤波的特征角点检测算法。Thanh Phuong Nguyen（2011）提出了一种基于曲线最大模糊分割理论的角点检测算法。Alcantarilla（2013）提出了一种在旋转不变性、光照不变性和稳定性方面更具优势的 AKAZE（Accelerated KAZE）算法。

语义信息提取的准确度取决于底层几何特征精度，如点云分割准确度、特征点稳定性和准确性。并且，从一些研究中可以看出，在具备较准确的几何特征的前提下，借助一些先验知识，可以进一步提高语义信息提取的精度。在本书提出的方法中，我们以第 3 章提出的语义建模框架为引导，借助先验知识，对建筑进行语义特征识别，同时根据语义标签中所需的属性参数，对识别的语义特征进行进一步的属性信息提取。

本章将以机载 LiDAR 扫描数据为数据源，针对建筑体的各个组件：屋顶、立面、屋檐、女儿墙、楼层、立面门窗等语义特征识别与属性信息提取展开讨论，并对其中涉及的算法，如轮廓线提取方面，提出基于 α-shape 的屋顶轮廓线提取算法和保持屋顶结构特征的轮廓线提取相关算法；坡屋顶重建方面，提出基于最小环结构的坡屋顶重建算法；针对屋顶细部结构，提出的屋檐与女儿墙识别算法；针对楼层结构，提出建筑基于边界点置信度的楼层结构分析算法；针对门窗提出基于点置信度的门窗检测算法等。

4.2　点云预处理

机载 LiDAR 在数据采集过程中，由于受到采集方式和各种因素的影响，得到的数据往往是呈散乱分布的，并且含有噪声的无序点云。这些分布不均匀的点云对识别算法的影响很大，因此在点云数据用于识别之前，要先进行数据预处理工作。

在不考虑机载 LiDAR 系统飞行状态、地形起伏的情况下，由于不同的扫描方式会导致点云分布不均匀。在振荡扫描方式和章动式扫描方式下，同一扫描条带两侧点云分布较密集，中间分布较稀疏，而在光纤式扫描方式下，同一扫描条带上扫描方向点云分布密度大于其垂直方向。在考虑到地形起伏时，例如在城区，坡屋顶面和垂直立面，朝向扫描方向的屋顶能够反射更多的激光信号，因此，同一建筑的各个立面和屋顶会具有不同的点云密度。

除此之外，本书获取的建筑点云中，存在一部分残留的地面点云和其他一些不相关地物点云，这些与建筑不相关部分应该在预处理环节及时剔除。

4.2.1 点云降采样处理

本书采用体素栅格法对点云进行降采样，该方法将点云按照一定的格网大小分成若干个体素，然后用每个体素的重心取代体素内包含的点。对于密度较大的点云数据，该方法可以有效地减少点云数量，加快运算速度，除此之外，该方法能够保持原始点云的形态特征。对于本书使用的数据，数据密度比较稀疏，使用该方法的目的主要是改善点云中点分布不均匀现象，因此，我们将体素栅格的大小设置为点云平均点间距（式4-1）：

$$size = sqrt（1/p）\tag{4-1}$$

式中，p 为点密度。

4.2.2 地面剔除处理

单体建筑点云可能仍存在一些未完全过滤干净的地面点云，需要进一步精细提出，将点云分为对地面点和对非地面点的研究很多，总体来看，目前主要分为两种方式：基于滤波的方法和分割的方法。滤波是最为常用的方法，虽然目前没有能够适应所有地形的较好的滤波分类算法，但对于城区这种特定地形，许多研究还是取得了不错的效果。这些算法总体上分为四大类：

（1）基于数学形态学的方法。在形态学的基础上，以移动窗口为分析单元，对窗口中点的高程进行统计分析，最终分离地面点与非地面点。

（2）基于渐进加密三角网滤波方法。通过种子点生成初始稀疏三角网，然后通过逐级迭代对三角网进行加密，该算法具有较好的适用性，适用于密集城区地形。

（3）基于坡度的滤波方法。根据地形变化确定最优滤波函数，但需要根据不同的地形调整窗口大小等多个阈值。

（4）基于点云或图像分割的方法。通过点云或图像分割技术，将点云或由点云生成的特征图像分割成若干个点云聚类，根据聚类的属性将其分为地面目标和非地面目标。魏征（2015）在关于车载 LiDAR 点云的建筑物重建研究中借鉴了最大类间方差的灰度阈值分割方法（Otsu，1979），一种自适应阈值的图像分割方法，通过该方法可以将地面目标与非地面目标区分开来。

总体来看，前三种方法更适合于大规模城区点云的地面点和非地面点分类，而对于小范围点云，基于点云分割方法更为适用。本书采用 RANSAC 算法（Fischler et al.，1987）剔除地面点云，考虑到城区建筑较为密集，一些与建筑无关的地物会与建筑体距离很近，本书在 RANSAC 分割结果的基础上，通过直接识别并保留屋顶和立面部分的方式，剔除地面和不相关地物点云，结果如图 4-1 所示。

4.3 建筑语义特征识别

对语义特征的识别过程可以看作对几何特征综合分析的过程，每个语义特征可以认为是多个几何特征的组合。在相关的基于先验知识的识别研究中，只有语义特征被识别，而在我们的研究中，将根据建筑语义标签的属性值，进一步对已识别特征进行所需的属性信息的提取。

本节我们将借鉴 Pu（2009）的思想，借助先验知识，以语义建模框架为指导，对建筑语义特征：屋顶、立面、楼层、门、窗等进行识别。对于个别特征，如屋顶类型、坡屋顶或平屋顶将进一步区分识别。总体上，我们将识别过程分为两部分：①从分割片段中进行语义特征识别；②根据几何特征提取属性信息。

4.3.1 屋顶和立面

对于建筑这种人造物，其最显著的特征就是大量的平面特征。不同的几何特征及其隐含的信息如曲率和法线等，是语义特征识别的基础。在预处理阶段，RANSAC 方法被用来分割建筑点云和地面点云，并最终剔除地面点云，仅保留建筑部分点云。通过区域生长算法的进一步使用，我们提取出建筑体所有的平面特征，如图 4-1 所示。

在屋顶与立面的识别过程中，我们采用了三种结合特征来区分屋顶和立面（表 4-1）：

（1）尺寸，指点云分割片段中面积的大小，在屋顶点云密度和立面点云密度相差不大时，尺寸可以将屋顶和立面这种大面积的点云分割片段从其他分割片段

（a）原始点云　　　　　（b）分割后的屋顶和立面

图4-1　屋顶和立面提取

中识别出来；

（2）朝向，指点云拟合面的法线与垂直方向的夹角。通常情况下，平屋顶、坡屋顶和立面有不同的朝向；

（3）位置，点云面片最低点相对于地面点的位置信息。虽然大部分立面和屋顶可以通过尺寸与朝向进行区分，但对于一些特殊情况，如立面上的雨篷或遮阳伞等会被错误识别为屋顶，因此位置信息在这种情况下可以确保识别结果正确，通常，屋顶高于地面至少5m并且屋顶位于立面上方。

表4-1　　　　　　　　　平屋顶、坡屋顶和立面的几何特征

	平屋顶	坡屋顶	立面
尺寸	大量点（30×D）	大量点（30×D）	大量点（30×D）
朝向（deg）	<10	>10 和<80	>80
位置（m）	高于地面 5m 并位于立面至上	高于地面 5m 并位于立面至上	最低点接近地面高

通过借助上述先验知识，屋顶和立面能够被成功识别。对于屋顶类型，坡屋顶和平屋顶也能够被成功识别出来。完成这些语义特征的识别后，我们将针对这些语义特征进行进一步的分割，以便进行其语义标签所需的属性信息提取。

51

值得注意的是，对于点云面片的尺寸阈值的确定，通过对测区房屋的调查，我们认为绝大部分需要三维重建的建筑对象的面积大于 $30m^2$，立面最小面积通常也在 $30m^2$ 左右，所以尺寸的阈值为 $30D$，D 是用点云密度来表示的，只要大于该值，我们就认为其有可能为屋顶或立面。

4.3.2　屋顶轮廓线提取

轮廓线信息作为建筑最常见且最基础的描述特征，被广泛采用。由于这种方法能够有效避免遮挡或数据采集不完整等问题，因此在人工建模中，轮廓线信息也常被应用于建筑的快速构建中。通常，对于机载 LiDAR 点云，为了获取精确的轮廓线，屋顶点云最适合作为轮廓线提取的数据源。为了尽可能准确地提取建筑的轮廓线，我们深入研究了大量现有的相关工作，并提出了两种用于不同情形的轮廓线提取算法：基于 α-shape 的屋顶轮廓线提取算法，双边滤波与高斯混合模型相结合的轮廓线提取算法。

1. 基于 α-shape 的屋顶轮廓线提取

在建筑物轮廓信息提取领域的研究中，传统方法通常是将点云转化为深度图，再利用图像分割算法对其进行分割，最后通过边界追踪获取建筑物边界线。为了避免点云在转化为深度图像时产生精度损失，一些学者直接在点云上进行边缘的提取研究。温银放（2007）对空间平面点云边界特征提取的研究中，使用了网格划分法提取到点云的边界。α-shape 算法是由 Edelsbrunner 等（1983）学者提出的，由于其高效性和参数易控制等特点，近年来越来越多地被应用于点云数据边缘轮廓的提取中。

在本书中，考虑到屋顶形状的多样性，我们首先将所有屋顶点投影到与 XOY 平面平行的某一平面，然后再利用 α-shape 算法获取有序的边界点。

在角点检测阶段，由于一些传统经典算法是建立在光滑离散点的基础上的（Pei et al.，1992；Nguyen et al.，2011），因此当处理噪声较明显的离散点云时，角点的提取精度会受到影响。为了减少噪声的影响，我们首先对边界点进行高斯平滑处理。经过高斯平滑处理后，我们采用一种自适应的方法（Teh et al.，1989）来确定支撑区域与每个点的曲率角。

为了能够进行边界点，我们用两个参数集合表示边界

$$L = \{x(t)，y(t)\}\,t \in (0，S) \tag{4-2}$$

其中，t 是沿着边界曲线 L 的路径长度，$x(t)$ 和 $y(t)$ 表示边界曲线的 x、y 坐标，S 是整个边界曲线的长度。

设 $G(t，\sigma)$ 为高斯函数：

$$G(t，\sigma) = \frac{1}{\sigma\sqrt{2\pi}}\,e^{-\frac{t^2}{2\sigma^2}} \tag{4-3}$$

用下面两个高斯函数对边界曲线 L 进行光滑处理：

$$X(t) = \frac{1}{\sigma\sqrt{2\pi}}\int_{-\infty}^{+\infty} x(t)\,e^{\frac{-(t-v)^2}{2\sigma^2}}\mathrm{d}v \tag{4-4}$$

$$Y(t) = \frac{1}{\sigma\sqrt{2\pi}}\int_{-\infty}^{+\infty} y(t)\,e^{\frac{-(t-v)^2}{2\sigma^2}}\mathrm{d}v \tag{4-5}$$

其中 σ 的值默认设为 1。

在角点检测的过程中，关键一步为支撑区域的确定，我们将曲线上 $p_{i-k}\,p_{i+k}$ 的弦长 L_{ik} 定义为：

$$L_{ik} = \left|\overline{p_{i-k}\,p_{i+k}}\right| \tag{4-6}$$

设 D_{ik} 为点 p_i 到弦 $p_{i-k}\,p_{i+k}$ 的距离，从 $k=1$ 开始计算 L_{ik} 和 D_{ik}，直到满足以下条件为止：

$$L_{ik} \geqslant L_{i,\,k+1} \tag{4-7}$$

$$\begin{cases} \dfrac{D_{ik}}{L_{ik}} \geqslant \dfrac{D_{i,\,k+1}}{L_{i,\,k+1}}，\ D_{ik} > 0 \\[3mm] \dfrac{D_{ik}}{L_{ik}} \leqslant \dfrac{D_{i,\,k+1}}{L_{i,\,k+1}}，\ D_{ik} < 0 \end{cases} \tag{4-8}$$

当确定支撑区域范围后，我们采用 k-cosine 方法来计算每个点的曲率。设点 p_i 两侧的向量为 $\boldsymbol{a}_{ik}$、$\boldsymbol{b}_{ik}$，于是有：

$$\boldsymbol{a}_{ik} = (x_i - x_{i+k}，y_i - y_{i+k}) \tag{4-9}$$

$$\boldsymbol{b}_{ik} = (x_i - x_{i-k}，y_i - y_{i-k}) \tag{4-10}$$

p_i 的 k-cosine 值为：

$$\cos_{ik} = \frac{\boldsymbol{a}_{ik} \cdot \boldsymbol{b}_{ik}}{|\boldsymbol{a}_{ik}||\boldsymbol{b}_{ik}|} \tag{4-11}$$

$$\theta_{ik} = \arccos \frac{\boldsymbol{a}_{ik} \cdot \boldsymbol{b}_{ik}}{|\boldsymbol{a}_{ik}||\boldsymbol{b}_{ik}|} \tag{4-12}$$

θ_{ik} 表示向量 $\boldsymbol{a}_{ik}$、$\boldsymbol{b}_{ik}$ 之间的角度，它正比于曲率，因此我们根据设定的角度阈值，并根据 $|\theta_{ik}| > T$ 是否成立，来确定点 p_i 是否为角点。算法的流程如图 4-2 所示。

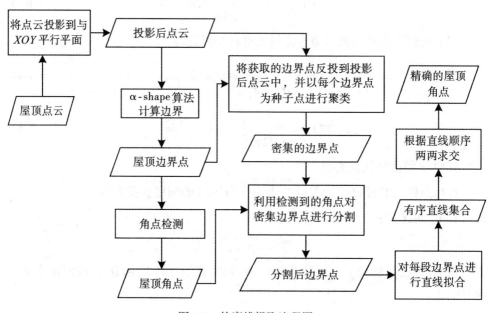

图 4-2　轮廓线提取流程图

算法流程具体如下（彩图 4-3）：

（1）投影屋顶点云。将屋顶点云投影到与 XOY 平面平行的且经过屋顶最低点的平面上。

（2）获取边界点。对上一步得到的平面点集使用 α-shape 算法得到有序的边界点，为了保留屋顶的一些尖锐特征，α 值设为点间平均距离 1 倍和 2 倍之间。

（3）平滑边界。将边界点视为离散的边界曲线，利用高斯平滑对其进行光滑去噪处理。

（4）角点检测。利用本书提到的自适应角点检测算法，获取每个点的支撑区域，并用 k-cosine 法计算每个点对应的曲率和曲率角。然后根据阈值 $T = 35°$ 检测出角点。

（5）边界线段精提取。由上一步得到的角点可以将边界分割为多个点集，每个点集代表边界的一段线段，因此对这些点集以此进行直线拟合，得到有序直线集合 $L=(l_1, l_2, l_3, \cdots, l_4)$。

（6）角点精提取。利用有序直线集合，依序进行直线相交计算，获取更精确的角点信息。

2. 双边滤波与高斯混合模型的轮廓线提取算法

双边滤波算法最早用于图像降噪，是一种非线性滤波算法，由于其在几何邻近度和像素空间相似性的基础上综合考虑了灰度级和色彩值，所以在边缘附近，距离远的像素对其影响会减弱，因此能够实现在降噪的同时保持边缘的尖锐特征。由于这种算法具有非迭代、局部性并且简单易实现的特点，也被引入三维网格模型的表面光顺去噪中（Jones et al., 2004）。近年来，在点云的降噪中也开始使用一些基于双边滤波的方法，Fleishiman（2003）提出了一种双边滤波的改进算法，沿着顶点法向进行移动采样平滑曲面。下面简要介绍双边滤波的基本概念：

设 X 为将要平滑的量，则有

$$X'_i = \frac{\sum_{j \in N_i} X_i \varphi(\|p_i - p_j\|) \psi(n_i, n_j)}{\sum_{j \in N_i} \varphi(\|p_i - p_j\|) \psi(n_i, n_j)} \tag{4-13}$$

式中，N_i 是指第 i 个点 p_i 的邻域。

空域权重 $\varphi(\|p_i - p_j\|)$ 与法向影响权重 $\psi(n_i, n_j)$ 用高斯函数来表示：

$$\varphi(\|p_i - p_j\|) = e^{-\left(\frac{\|p_i - p_j\|}{\sigma_p}\right)^2} \tag{4-14}$$

$$\psi(n_i, n_j) = e^{-\left(\frac{1-n_i^T n_j}{1-\cos(\sigma_n)}\right)^2} \tag{4-15}$$

式中，σ_p 为点间距离的相关系数，它与点云密度有关，σ_n 为与法向夹角阈值。$\varphi(\|p_i - p_j\|)$ 负责测量点的空间邻近度，$\psi(n_i, n_j)$ 负责测量点间法向的相似度。

双边滤波可以用于法向平滑与点位平滑等，Gao 等（2014）提出用双边滤波进行边界点方向平滑，原理与法向平滑相似。本书借鉴了 Wei Sui（2016）提出的一种基于改进的双边滤波的法向平滑与点位平滑算法，下面分别对这两种算法进行简要介绍：

法向平滑公式如下:

$$n_i \leftarrow \frac{\sum\limits_{j \in N_i} n_j \varphi(\|p_i - p_j\|) \psi(n_i, \; n_j) + \alpha \, \boldsymbol{n}_i^0}{\sum\limits_{j \in N_i} \varphi(\|p_i - p_j\|) \psi(n_i, \; n_j) + \alpha} \tag{4-16}$$

式中, N_i 是点 p_i 的邻域, $\boldsymbol{n}_i^0$ 是点 p_i 的初始法向量, α 是一个权重参数, 避免平滑后的法向与初始法向差异过大。

点位平滑与法向平滑相似, 它使点沿着法线方向位移, 而该位移距离由其邻域点共同决定。设 p_i^0 为 p_i 点的初始位置, 并且 $p_i = p_i^0 + t n_i$, 因此需要更新的是参数 t, 公式如下:

$$t \leftarrow \frac{\sum\limits_{j \in N_i} n_j^T (p_j - p_i^0) \varphi(\|p_i - p_j\|) \psi(n_i, \; n_j)}{\sum\limits_{j \in N_i} \varphi(\|p_i - p_j\|) \psi(n_i, \; n_j) + \beta} \tag{4-17}$$

式中, β 为关于初始点位权重系数, 避免点位过度平滑。

上述的法向平滑方法主要用于建筑立面点云, 点云的初始法向量通常利用主成分分析 (Principal Component Analysis, PCA) 方法估计。但在本书中, 由于屋顶边界点的初始法向估计不准确, 很难使用上述方法, 因此本书借鉴了 Gao 等 (2014) 在平滑边界方向研究中的思想, 利用 PCA 方法估算边界点的方向, 将法向平滑公式中的法向改为边界点方向, 对边界点方向进行平滑。然后在进行点位平滑时, 将点沿着边界点方向的垂直矢量方向进行位移。

当完成边界点方向平滑和点位平滑后, 边界点的噪声得到了抑制, 同时保持了角点处的尖锐特征。此时我们采用高斯混合模型 (Gaussian Mixture Model, GMM), Poullis (2013) 曾在基于点云的自动建模框架研究中, 提出用 GMM 提取建筑主方向, 下面简要介绍一下 GMM 相关理论。

高斯混合模型使用了若干个高斯分布来表征样本的特征, 它是一种聚类算法, 每个高斯分布是一个聚类中心。由于高斯混合模型能够逼近任意连续的密度函数分布, 因此已在语音识别和图像分割领域被广泛使用。

$$p(x) = \sum_{i=1}^{N} \beta_i N(x \mid \mu_i, \; \textstyle\sum_i) \tag{4-18}$$

其中任一个高斯分布 $N(x \mid \mu_i, \; \boldsymbol{\Sigma}_i)$ 叫做这个模型的 component, 每个 component 包含均值 μ_i 和协方差矩阵 $\boldsymbol{\Sigma}_i$, 参数 β_i 是 component 的权重系数, 即被

选中为该类别的概率，同时该系数必须满足以下条件：

$$\beta_i \geq 0, \quad \sum_{i=1}^{N} \beta_i = 1$$

在求解参数 $(\beta_i, \mu_i, \Sigma_i)$ 时，期望最大化（Expectation Maximization，EM）算法被广泛采用，其本质是最大化高斯混合模型的 log 似然函数，即找到一组参数，它能够使 log 似然函数取最大值。

$$\log p(X \mid \beta, \mu, \sum) = \sum_{i=1}^{N} \log \left\{ \sum_{k=1}^{K} \beta_k N(x_i \mid \mu_k, \sum_k) \right\} \tag{4-19}$$

式中，X 为数据样本 $\{x_1, x_2, \cdots, x_n\}$。

在本书中，样本数据为边界点的方向向量，因为已将边界点投影到 XOY 平面，所以只考虑二维向量。经过高斯混合模型的分类后，我们在样本数据所有 component 中，选取具有最大值并标注为同一建筑主方向，结果如彩图 4-4（b）所示。然后对属于同一聚类的点进行直线拟合，由于已进行了点位平滑处理（彩图 4-4（a）），噪声已经很小，这里可以直接采用最小二乘法进行高精度拟合。

4.3.3 坡屋顶拓扑图提取

1. 基于最小环结构的坡屋顶构建算法

坡屋顶作为最常见的屋顶类型之一，在建筑领域应用较广，通常将排水坡度大于 3% 的屋顶称为坡屋顶。根据坡屋顶造型的不同，生活中较常见的屋顶有单坡屋顶、双坡屋顶、四坡屋顶和多坡屋顶。

单坡屋顶是指一个屋顶排水坡度大于 3% 的屋顶，大于 10% 称为斜屋顶。双坡屋顶和多坡屋顶是指倾斜面相交，顶部相交成水平线形成正脊，斜面相交形成斜脊或斜天沟，相交形成凸角的称为斜脊，形成凹角的称为斜天沟。

目前，对于坡屋顶的三维重建，大多数是针对特定类型的屋顶进行重建研究（陈永枫，2013；Zhang et al.，2014），如人字屋顶、四坡屋顶，对于多坡屋顶或者更复杂的坡屋顶，往往人为地分解为简单类型屋顶的组合，再进行重建，一些学者尝试着自动地将复杂坡屋顶分解为简单屋顶基元结构（Wang, H. et al.，2015）。Perera 等学者（2012；2014）提出了一种基于屋顶拓扑图（Roof Topological Graph，RTG）的构建算法，该算法引入图论理论并充分利用了点云中面特征的显著性，具有较好的鲁棒性，因此被很多学者采用借鉴。B. Xiong (2014) 从屋顶拓扑图的角度出发，对屋顶拓扑的错误纠正问题进行了深入研究，作者将图纠正问题转化为拼写纠正中的最小编辑距离问题，进而从错误的屋顶拓扑结构中寻找到最优纠正解。

本书提出了基于最小环结构的坡屋顶构建算法，该算法是一种基于 RTG 理论的算法，相较于已有理论，本书算法摒弃了阶梯边（step-edge）等概念，并严格遵守最小环节点数 $n=3$，即三个不共面的相交面，代表几何空间中一个顶点的原则，提高了理论的几何完备性，下面简要阐述该算法：

首先，我们将屋顶的角点分为两类：外点，是指屋顶轮廓线上的顶点；内点，指在屋顶轮廓线内部的屋顶角点。外点可以通过上一节获取的边界轮廓线获取，而内点则需要对屋顶的拓扑图进行分析才能得到。在本书的基于最小环结构的坡屋顶构建算法中，我们规定了三个准则：

准则 1：在屋顶拓扑图中，一个环的节点数至少有 3 个，代表几何空间上的一个顶点，即屋顶内点。

准则 2：相邻的两个环代表几何空间上的一条线段，即屋顶上的一条屋脊线。

准则 3：每个环必须保证是单环，即在屋顶拓扑图中，该环结构中不能存在任何其他的环结构。

性质 1：屋顶拓扑图中，相邻单环之间有且仅有一条相邻边或公共边。

对于性质 1 的证明可以利用反证法，假设两个相邻环 G_1 和 G_2 存在多个相邻边，此时分为两种情况考虑：

（1）假设多个相邻边中，存在两个及以上的边连续的情况。根据其中两条相邻公共边，可以确定 3 个公共节点，因为每个节点对应空间 1 个面，这意味着有 3 个公共面，并且环中所有节点表示在几何空间中每个面都交于一点 V。根据 3 个公共面确定空间中一点，可以推断相邻环 G_1 和 G_2 代表几何空间中同一点，这与事实矛盾，因此假设不成立。

（2）假设多个相邻边中，不存在边连续的情况。取环中任意两条公共边，可以确定 4 个公共面，取其中 3 个可以获得几何空间顶点，以此推断相邻环 G_1 和 G_2 代表几何空间中同一点，这显然不合理，因此假设不成立。

综上所述，在屋顶拓扑图中，相邻环有且仅有一条相邻边。

必须说明的是，为了保证严格遵守准则1，针对人字屋顶这样的双坡式屋顶，我们假设存在两个垂直截面在"人"字形屋顶的两端，保证环结构的节点数至少为3个。

2. 单环结构提取

在进行屋顶拓扑图分析的过程中，最关键的一步是单环结构的提取。在图论中，单环的提取问题可以看作连通图的回路搜索问题。在给定一个图 G 的情况下，如果每一对点之间至少存在一条边，图 G 称为连通图。当分离出图 G 的一部分点和边后，分离部分所构成的图称为连通图 G 的连通子图。如果该连通子图包含了 G 中所有的节点并且没有形成闭合回路，则该连通子图称为图 G 的生成树。对于任意一个连通图 G 至少存在一棵生成树。

对于图 G 的生成树，生成树的边称为树枝，剩余的不属于生成树的边称为图 G 的余枝，相应的余枝的集合称为图 G 的余树。将任意一条余枝添加到生成树中都会形成一个基本回路，也就是说，基本回路的数量等于余枝的数量。设连通图 $G = (V, E)$ 的树枝总数为 m，顶点数为 n，则生成树的枝数为 $n-1$，余树树枝有 $m-n+1$ 条边。

根据上述阐述，屋顶拓扑图就是一个典型的连通图。在进行回路搜索时，可以检索到很多个回路，这些回路中，有的回路中还包含其他回路，不符合单环结构要求。在图论理论中，基本回路是指对于一个给定的生成树，加入一个余枝后，形成的回路，并且此回路除了所添加的余枝外均由树枝组成，这样的回路称为基本回路，基本回路上的所有顶点只经过一次。然而，由于生成树的不唯一性，会导致得到不同的基本回路，该问题曾在早期关于控制网最小独立闭合环的研究中被一些学者提到过（冯琰等，1998；邹进贵等，2008；史青等，2013），例如，冯琰在最小独立闭合环与附合导线的自动生成算法的研究中提到的例子（图4-5），对于生成树（a），基本回路为152，253，345，对于生成树（b），基本回路为215，3215，43215，两组基本回路都相互独立，但只有一组符合所含边数最少闭合环这一条件，也就是说只有由生成树（a）获得的基本回路属于最小独立闭合环。

　　而根据屋顶拓扑图理论，每个环必须为单环才能代表几何空间中的一个顶点，因为如果环中存在某三个或三个以上顶点能够构成环或回路，那么这意味着该环中存在另一个环，并且与该环有两条及以上的相邻边，而这与性质 1 不符，在几何空间中这样的环是没有实际意义的。

　　综上所述，本书中单环检索问题完全可以归为最小独立闭合环的检索问题。

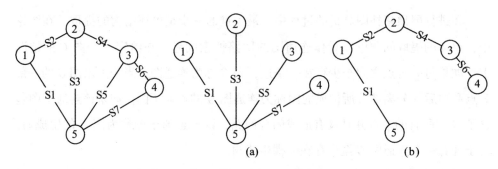

图 4-5　连通图与生成树（冯琰等，1998）

　　最小独立闭合环的检索最初是控制网平差过程中，利用闭合差进行粗差检测的关键问题，很多学者围绕着稳健性与高效性提出了不同的改进算法。目前，最小闭合环的检索算法大致分为三种：①基于邻接矩阵变换的闭合环检索算法；②基于生成树、余树的算法；③基于深度优先搜索的方法。基于生成树、余树的算法被认为具有较高效率并且稳健的算法（赵一晗等，2006；邹进贵等，2008）。

　　基于生成树、余树的算法：

　　设无向图 $G=(V, E)$。

　　（1）利用广度优先搜索算法，找到图 G 上的生成树 T，将不在生成树上的边集记为 R，T 中包含 m 条边，R 中包含 n 条边。

　　（2）如果 R 不为空，将 R 中 n 条余枝如 (r_1, r_2)，分别添加到生成树 T 中，利用最短路径算法，如 Dijkstra 算法求解 r_1 到 r_2 在生成树 T 中的最短路径。对 n 条最短路径进行比较，取边数最少的闭合环作为最小独立闭合环，若最少边数闭合环有多个，则依次取第一个闭合环作为最小独立闭合环。

　　（3）将步骤（2）确定的最小独立闭合环对应的余枝从 R 中删除并添加到生成树 T 中，得到更新后的生成树 T'，此时 R 中边的数量为 $n-1$，以 T' 代替 T，重复步骤（2）和（3），直到 R 为空。

（4）如果 R 为空集，则结束算法。

（5）重复步骤（2）到（4）。

以图 4-6 所示的屋顶拓扑图为例，其含有 11 个顶点，16 条边，给出边集合：

$$E = \left\{ \begin{array}{l} (1, 2), (2, 3), (3, 4), (4, 5), \\ (5, 6), (6, 7), (7, 11), (8, 9), \\ (9, 10), (10, 11), (11, 1), (2, 11), \\ (3, 5), (6, 11), (8, 10), (8, 11) \end{array} \right\}$$

通过建立生成树，其余树集合为：

$$T = \{(10, 9, 8, 11, 1, 2, 3, 4, 5, 6, 7)\}$$

$$R = \{(2, 11), (3, 5), (6, 11), (7, 11), (8, 10), (10, 11)\}$$

将 R 中所有余枝分别添加到生成树中，利用 Dijkstra 算法获取所有最短路径，所有结果见表 4-2。

表 4-2 生成树、余树算法迭代结果

闭合环	最小独立闭合环	余枝
{(1, 2, 11), (3, 4, 5), (6, 11, 1, 2, 3, 4, 5), (7, 11, 1, 2, 3, 4, 5, 6), (8, 9, 10), (10, 11, 8, 9)}	(1, 2, 11)	(2, 11)
{(3, 4, 5), (6, 11, 2, 3, 4, 5), (7, 11, 2, 3, 4, 5, 6), (8, 9, 10), (10, 11, 8, 9)}	(3, 4, 5)	(3, 5)
{(6, 11, 2, 3, 5), (7, 11, 1, 2, 3, 5, 6), (8, 9, 10), (10, 11, 8, 9)}	(8, 9, 10)	(8, 10)
{(6, 11, 2, 3, 5), (7, 11, 1, 2, 3, 5, 6), (10, 11, 8)}	(10, 11, 8)	(10, 11)
{(6, 11, 2, 3, 5), (7, 11, 1, 2, 3, 5, 6)}	(6, 11, 2, 3, 5)	(6, 11)
{(7, 11, 6)}	(7, 11, 6)	(7, 11)

由图论理论可知，最小闭合环的个数为：边数 m－顶点数 n＋1，本实例 $m=$ 16，$n=11$，最小闭合环个数为 6 个，从表 4-2 的统计结果可以看到全部最小闭合

环都正确找到。图 4-7 展示了按照生成树、余树算法检索到所有最小独立闭合环的动态过程，其中，虚线为每次添加的余枝。

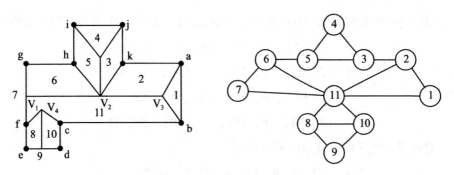

图 4-6　屋顶及其屋顶拓扑图

3. 屋顶面片多边形生成方法

考虑到要构建屋顶面片的多边形，如果通过拟合每个点云平面的轮廓线的方法，就会导致面片之间无法准确接合，产生空隙，为了避免这种情况的发生，我们根据上文提取到的最小闭合环与已提取的屋顶轮廓线，来确定屋顶每个面片的顶点，以及顶点顺序。

前文提过，每个最小独立闭合环代表若干平面的公共点，确定了所有的最小独立闭合环意味着确定的所有的内点。根据屋顶轮廓线与点云面片的邻近关系，可以确定属于屋顶面片多边形的轮廓线端和顶点。这样，可以获取每个屋顶面片多边形的所有顶点。为了给出合理的顶点顺序，通过观察屋顶拓扑图，很容易发现，对于某一节点 G 的所有最小闭合环中，沿顺时针或逆时针方向，根据最小独立闭合环的邻接关系进行遍历能够确定内点的顺序。同时，可以发现对于与该节点相邻并且不在最小独立闭合环公共边上的节点 K，与该节点在轮廓线上存在顶点 V，即两节点代表的平面经过轮廓线上某一顶点。在 G 的所有闭合环中，该公共轮廓线顶点 V 与 GK 相关的闭合环表示的几何顶点存在关联。按照此方法，可以确定所有多边形顶点的顺序。

我们以图 4-7 中节点 11 为例，通过计算节点 11 与轮廓线的关系，可以确定节点 11 所代表的面与轮廓线上的 b、c、f 相关，其中 bc 为一条线段，f 为一个顶

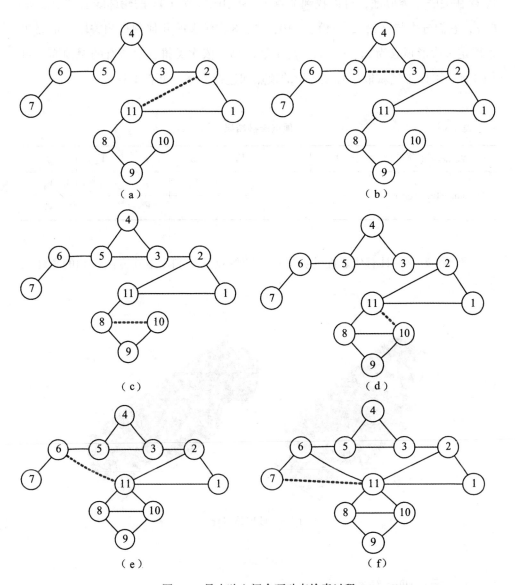

图 4-7 最小独立闭合环动态检索过程

点。与 11 相关联的闭合环为：{（1，2，11），（6，11，2，3，5），（7，11，6），
（10，11，8）}，按照逆时针遍历，可以将闭合环分为两组：（1，2，11），（6，
11，2，3，5），（7，11，6）与（10，11，8）。从图 4-7 可以看出，节点 7 与 11
所代表的平面在轮廓线上存在公共顶点 f，顶点 f 与环（7，11，6）代表的顶点

V_1 存在关联，类似地，可以找到节点 1、8、10 与节点 11 的轮廓线公共节点 b、f、c，它们分别与（1，2，11）、（10，11，8）代表的几何顶点相关联。最终可以确定多边形顶点为 v_3、v_2、v_1、f、v_4、c、b。依次类推，对所有的屋顶面片进行处理，可以准确获取所有多边形的顶点和连接顺序，见表4-3。

表4-3 　　　　　　　　　　　　　**顶点连接结果**

Vertices（顶点）	V_1	V_2	V_3	b	c	V_4	f
Connection vertices	f	V_1	V_2	V_3	b	c	V_4
	V_2	V_3	b	c	V_4	f	V_1

图4-8 为一座具有代表性的坡屋顶（图像点云）利用上述方法得到的重建效果图。

图4-8　坡屋顶重建

4.3.4　屋顶细部结构

建筑细部是对建筑体各部分功能、结构的进一步美化。通过细部，建筑可以呈现出不同的特点以及不同的时代、文化和地域特征，因此建筑细部结构在建筑设计中具有举足轻重的作用。

通常来讲，建筑设计领域提到的建筑细部是指在建筑设计过程中被单独设计并加以处理的建筑细节部分（李超，2005）。优秀的建筑设计，不仅受几何造型、空间布局、立面设计等因素的影响，还受到建筑细部结构的影响，精致的建筑细部结构的设计对建筑整体具有画龙点睛的作用。日本建筑师黑川纪章曾说："建筑细部就是建筑的一个局部，从整体上看这个局部，它们并没有很强的个性，然而，当人们贴近它们，就会发现一个全新的世界，这样的局部就是细部"。因此，黑川纪章在他的建筑设计中，对建筑的整体设计与细部设计进行平行考虑，他的这种双重平行的设计理念对建筑界的影响是深刻的。建筑细部除了具有装饰性的作用，一些细部同时还兼备实用意义，如屋顶的屋檐，屋顶女儿墙，立面的门、窗等，它们都具备实际功能，在实际应用中，如警用地理信息系统，需要对这些兼备实用功能的细部结构信息进行记录，所以对细部结构的重建不仅是精细化建模的要求，也是实际需求中必不可少的一个环节。

鉴于本书的研究是以机载 LiDAR 扫描数据为数据源，只有屋顶的信息采集较为完整，因此本书以屋顶的细部结构——屋檐和屋顶女儿墙，作为主要的研究对象。

1. 屋檐与女儿墙识别

屋檐是指坡屋顶或平屋顶处突出建筑外立面的部分，也称挑檐。它能起到排水的作用，避免由于雨水和积雪形成的水渗入墙体，导致墙体损坏和室内潮湿。在《民用建筑设计通则（GB 50352—2005）》中，屋檐被规定为可突出外墙体中心线 1.5 公尺。对于斜屋顶的屋檐，斜屋顶建筑的高度以地面到屋檐檐口底面为准。这对于消防具有重要意义，因此屋檐是建筑中不可缺少的细部结构。

在造型上，根据檐口构造，可分为砖挑檐、挑檐木挑檐、挑檀挑檐、女儿墙挑檐等。

（1）砖挑檐是一种较常见的类型，在檐口处将砖堆砌并且每层伸出 60cm，约为 1/4 砖长，整体出挑长度小于墙厚度的 1/2。

（2）挑檐木挑檐，由于使用了挑檐木，因此可以挑出更多长度，挑出长度可大于 400mm。

（3）挑檀挑檐是利用屋架下弦的托木或横墙上设置的挑檀木（或混凝土梁）来支承在屋檐出挑檐口下加设的檩条。这种做法更可增加出挑檐口的长度，但檐檩与檐墙上沿游木之间的距离不能大于屋脊上檩条之间的距离。

（4）女儿墙挑檐：是一种将天沟作为内檐口，女儿墙在外侧的一种构造。

女儿墙是建筑物屋顶四周围的矮墙，主要作用除维护安全外，亦会在底处施作防水压砖收头，以避免防水层渗水，或是屋顶雨水漫流。依国家建筑规范规定，女儿墙应具备栏杆的作用，建筑高度在 10 层以上时，高度不得小于 1.2 公尺，同时为了防止个别业主利用女儿墙搭盖违章建筑，规定女儿墙高度不得超过 1.5 公尺。

通常，对于上人屋顶，女儿墙的主要作用是保护人身安全，其次才是对建筑的装饰作用，高度一般要求不得低于 1.3m，最高不得大于 1.5m。不上人屋顶的女儿墙的作用除立面装饰作用外，还起到固定油毡作用。

目前对于城市中高层建筑，女儿墙是非常重要的建筑结构，对于中层建筑，以民宅为主，屋檐构造非常普遍（图 4-9）。但很多传统重建方法中，这两个特征的信息都被忽略了，使得建筑物重建效果较粗糙，模型不够精细。

图 4-9　屋檐和女儿墙

为了能够准确地从点云信息中识别出屋檐和女儿墙构造，并区分出彼此，本书对它们的特征进行了总结。

在表 4-4 中，位置表示屋檐或女儿墙到屋顶边缘处的最近水平距离。由于在提取屋顶过程中，屋檐部分已包含在分割的屋顶点云中，屋檐部分的范围可以沿着屋顶的轮廓线处进行检测。对于女儿墙，它建在屋顶边缘处，并具有一定高度，会高于提取的屋顶平面。水平距离和垂直距离表示屋檐的悬挑距离和女儿墙相对于屋顶面的高度。

表 4-4   屋檐和女儿墙几何特征

	屋檐	女儿墙
位置	屋顶边缘	屋顶边缘，屋顶之上
水平距离（m）	>0.2	接近于0
垂直距离（m）	接近于0	>0.3
尺寸	在一定范围内	在一定范围内

尺寸在这里表示屋檐和女儿墙部分所占的空间大小，在点云密度变化不大的情况下，我们用点云数量代替表示。尺寸信息可以增强识别的抗噪性，排除由于噪声导致表面波动造成的错觉影响。对于屋檐和女儿墙，它们有各自的尺寸范围，根据我们的实地测量考察，粗略的统计结果显示，大多数建筑的屋檐悬挑距离都在0.2~1.5m。对于女儿墙，存在一种特殊情况，即屋檐檐口的上卷构造，由于这种上卷构造与女儿墙相似，但高度相对较低，我们将这种构造也并入女儿墙类别，以简化后期重建过程。女儿墙的厚度在0.12m左右，长度至少2m，高度介于0.3~1.5m。在点云密度变化不明显的情况下，假设点云密度为ρ，则规定尺寸阈值见表4-5。

表 4-5   屋檐女儿墙预定义尺寸阈值

屋檐	尺寸 $> 2 \times 0.12 \times \rho$
女儿墙	尺寸 $> 2 \times 0.2 \times \rho$

2. 屋檐悬挑与女儿墙尺寸估计

通过以上的先验知识，可以确定女儿墙和屋檐的范围。在 LiDAR 扫描数据中，受限于扫描精度、点云密度，以及受其他因素的影响，建筑细部特征具有模糊性，尤其是具有棱角特征的建筑细部，在机载 LiDAR 点云中，人眼几乎无法直接辨认。所以通过传统构网的方法，对于建筑细部构造的还原是行不通的，只有通过语义化、参数化的建模思想才能将这些特征准确重建。因此，对于这些建筑细部的精细重建，关键在于对这些识别的细部特征进行精准的参数估计。这里所提到的参数是指在我们的语义建模框架中，相应语义标签的属性值。

在参考了不同建筑屋檐和女儿墙的样式后，我们建立如下方法用于估算屋檐的悬挑距离、屋檐厚度、女儿墙高度、女儿墙内偏移等属性值。

（1）屋檐的悬挑距离：屋檐悬挑的距离是指屋檐突出立面的距离，为了准确计算这段距离，我们将提取的立面平面垂直投影到屋顶平面，如图 4-10（a）中的黑线，而屋檐末端即前面得到的轮廓线，轮廓线与立面投影线之间的距离即为屋檐的悬挑距离。由于误差的原因，立面投影线段与屋顶轮廓线并不完全平行，为了尽可能使估算结果准确，我们采取随机地在轮廓线上选取若干点，计算其到立面投影线的平均距离。

（2）屋檐厚度：对于平屋顶，需要考虑其屋檐厚度。其值应为屋檐最低点到屋顶平面的垂直距离。

（3）女儿墙高度：检测到的女儿墙的最高点到屋顶拟合平面的垂直距离，如图 4-10（b）所示。

（4）女儿墙内偏移：通常情况下，女儿墙最外侧与屋檐最外侧存在一定的距离差，但由于在点云中，细部特征存在模糊性，对于一些高度较小的女儿墙，难以进行测算。因此我们规定，对于高度小于 0.5m 的女儿墙，认为其最外侧与屋檐最外侧是对齐的，即偏移量为 0。对于高度大于 0.5m 的女儿墙，计算检测到的女儿墙最外侧点到屋顶边缘轮廓线处的距离。

（5）女儿墙厚度：对于高度大于 0.5m 的女儿墙，为了防止屋檐边缘的干扰，取女儿墙 1/2 以上部分，并按照外侧和内侧水平距离估算女儿墙厚度。对于高度小于 0.5m 的女儿墙，计算屋顶边缘处到女儿墙内侧的距离。

4.3.5　楼层结构

楼层结构是建筑在三维空间中的基本分割单元，是建筑结构中重要的组成部分。从建筑学角度讲，楼层是多层建筑中水平方向的分隔与承重构件。它由三部分组成：结构层、面层和顶棚层。结构层起到承重的作用。面层对结构层能起到保护作用，同时具有隔音、防水、装饰作用。顶棚层是位于楼板层下表面的构造层，对室内装饰、吊顶安装、管线铺设起到保护作用。

除了在建筑结构中具有重要意义，楼层信息在房地产领域也起到至关重要的

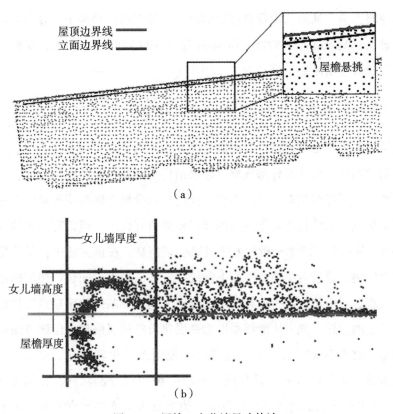

图 4-10　屋檐、女儿墙尺寸估计

作用。在房产市场中，楼层之间的价格存在差异，这是房地产销售中的敏感因素，因为受到户型、朝向、位置和高度的影响，对于任何楼盘，存在购房者较为偏爱的楼层和比较冷落的楼层。一些房地产领域的学者，针对楼层价差进行了深入研究。黄金国（2010）曾针对房地产楼层价差的设计原则进行过深入讨论。

在酒店服务业，楼层不仅仅是空间的分隔，还代表着不同的客户群体，具有针对性。一些星级酒店通常会将客房楼某层设为商务楼层，便于针对高级别商人、政要或社会名流提供服务。商务楼层在空间设计上更加考究，在服务上更加优质和完善。不论对于经营者、管理者，准确提供酒店的商务楼层信息对于管理都是非常重要的，而对于消费者，准确适当的酒店服务则是出行必须考虑的内容（张娴斌，2013）。

总体来说，楼层信息的重要性不仅体现在上述方面，在商场管理、安防系统以及施工管理中都是重要的基础信息。但在传统自动化建模研究中，这一重要信息却被忽略，为了从点云中提取楼层信息，本节提出一种基于边界点置信度的楼层分析算法。与 Muller（2007）和 Shen 等（2011）的工作相比，我们的方法具有更低的计算复杂度。

1. 边界点置信度计算

楼层结构识别是对建筑进行层次化语义描述的基础，但是，与门、窗、屋顶等建筑组件相比，从建筑外部观察，楼层结构不具备明显的几何特征，难以直接识别检测。为了能够提取出楼层结构，我们采取分析立面结构布局的方法获取楼层的语义信息。虽然目前基于点云的楼层检测研究较少，但仍有一些研究值得借鉴。Muller 利用立面图像分析的方法提取楼层信息。在该方法中，互信息用于进行相似性检测，通过对图像自下而上的统计，并借助先验知识：楼层的水平分割线位于竖直边较稀疏、水平边较密集的位置；垂直分割线位于竖直边较密集、水平边较稀疏的位置。该方法能够提取出高层建筑的楼层信息，但该方法对图像噪声较敏感，对于不规则立面组件造成的不规则图案也较敏感。Shen 等（2011）针对低质量地面激光扫描点云数据，提出一种楼层分割算法，在借鉴了 Muller（2007）的先验知识的前提下，作者引入边界点置信度和竖直方向与水平方向的累积效应值来确定楼层分割线的位置。该方法具有更好的鲁棒性，并且具有自适应的特性，同样可以应用于图像中。

在本书提出的方法中，由于采用的数据是机载激光扫描数据，与地基的扫描数据相比，立面点云的密度较低，并且受到扫描方向和立面朝向的影响，立面点云没有屋顶点云分布均匀。通常，对于一块立面点云，立面上半部分点密度较大，下半部分点密度较小。根据机载立面点云与地面激光点云的差异，我们设计了针对机载点云数据的楼层分析算法。

在机载 LiDAR 立面点云中，多层建筑的立面点云较明显的特征是具有很多空洞，这些空洞是立面门窗玻璃的镜面反射导致的信息缺失。为了能够对立面门窗的布局进行分析，我们借鉴了 Shen 等（2011）提到的边界点置信度和累积效应的概念。边界点置信度即衡量某一点是否落在边界上的概率值。在评估点置信度的过程中，Shen 等利用协方差矩阵计算置信度，如果对整个立面的所有点都使用该方法，计算过程是非常耗时间的。为了优化计算，降低计算复杂度，本书借鉴 Tutzauer（2015）提出的一种提取立面门窗边界的算法来估算边界点置信度。在 Tutzauer 研究中，门窗的上、下、左、右边界都可以被区分出来。以某一查询点为例，在给定缓冲区中，如果该点的下方没有点存在，则该点被认为是上边界点。对于上边界点，其点置信度的计算公式如下：

$$r_i = \frac{n_1}{n_1 + n_2} \tag{4-20}$$

$$\text{conf}(p_i) = 1 - \frac{|\, r_i - 0.5\,|}{0.5} \tag{4-21}$$

式中，n_1 表示查询点 p_i 在缓冲区内上方的点数量；n_2 表示查询点 p_i 在缓冲区内下方的点数量；r_i 表示查询点 p_i 上方的点数量在整个缓冲区内的比重。从 r_i 可以看出，当 n_1 和 n_2 趋近于相等时，即 r_i 趋近于 0.5，此时点 p_i 为立面点的可能性最大；当 n_1 趋近于 0，r_i 的取值趋近于 0，即点 p_i 在缓冲区内上方不存在其他点，则 p_i 落在窗体下边界的可能性最大；相似地，当 n_2 的值趋于 0 时，即 p_i 在缓冲区内下方不存在其他点，p_i 为窗体上边界的可能性最大。在本节，为了分析立面门窗的布局，只需要区分点是否为立面点或边界点，不需要进一步区分上、下、左、右边，因此我们将点置信度定义为式（3-27），置信度越大，表示点 p_i 为边界的可能性越大，反之，为立面点的可能性越大。

2. 分割平面的计算

为了能够对上面获得的每个点的置信度进行统计，我们引入如下先验知识：

（1）由于窗体会在立面造成空洞，在这些窗体位置，应该没有点或点相对较少，相比之下，在墙面上，点较多，所以楼层分割位置应该位于点分布相对较密集的地方；

（2）楼层分割线几乎不可能位于有窗体的位置，因此越靠近分割线处的点，被识别为窗体边界点的概率越小，它更有可能是墙体上的点。

根据上面的先验知识，我们可以将点置信度视为点的权重。通过对每一行（行间距 0.5m）的点的置信度值进行累积，可以发现，当点越靠近分割线时，点的权重越趋于 1，并且随着点越来越密集，它们的累积效应将更加明显。累积效应的计算公式如下：

$$C_{\mathrm{hor}}(P) = \sum_{i \in B} \mathrm{conf}(p_i) \qquad (4\text{-}22)$$

式中，B 是给定的点 p_i 的缓冲区。图 4-11 为对一座多层建筑的立面分析结果，图 4-11（a）是累积效应结果，图 4-11（b）为最终楼层分割结果。

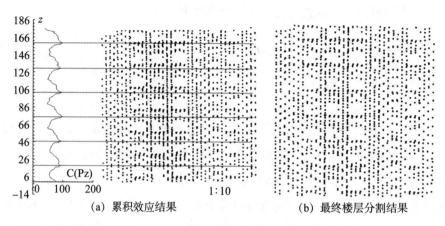

(a) 累积效应结果　　　　　　　　　　　(b) 最终楼层分割结果

图 4-11　楼层结构分析及结果

4.3.6　门窗结构

门窗作为建筑的基本组件，一直是立面重建领域的研究重点。尤其是窗体，从建筑设计的角度讲，窗体决定了建筑立面的视觉观感，因此很多人认为立面设计的核心是窗体的设计和布局。从室内设计角度，门窗的布局决定了室内的通风性和采光性，并且它能够建立起室内与室外的视觉联系。

门窗的类型有很多，通常情况下，在重建过程中，我们将门窗归为同一类，根据窗体安置位置，窗体大体分为墙面窗和天窗。在大多数三维模型重建中，只考虑墙面窗体。比较常见的窗类型有：固定窗、平开窗、上悬窗、中悬窗、下悬窗、立转窗、水平推拉窗、垂直推拉窗，如图 4-12 所示。总体来讲，现代门窗主要由窗框、玻璃和活动构件三部分组成。

在机载 LiDAR 点云中，大多数窗体的内部活动构件都很难被扫描到，大多数窗体在点云中都以空洞或窗洞的形式记录下来。因此在本节，我们认为所有门窗都是矩形结构，并根据上一节内容楼层结构分析中得到的点置信度信息进行门窗检测、门窗定位，最后进一步确定门窗边界点并拟合出门窗矩形。

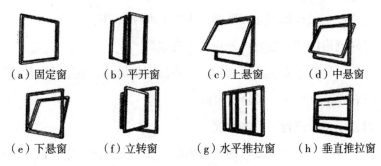

（a）固定窗　　（b）平开窗　　（c）上悬窗　　（d）中悬窗

（e）下悬窗　　（f）立转窗　　（g）水平推拉窗　　（h）垂直推拉窗

图 4-12　窗体类型

1. 门窗边界检测

经过上一节楼层结构分析，立面被楼层分割平面分为若干部分，我们将针对每一部分进行单独的门窗识别检测。

门窗的识别或检测本质上是点云的孔洞检测问题，目前已有一些针对点云进行门窗检测的算法，大部分方法都是通过检测门窗边界来识别门窗结构的。在 Pu 等（2009）的相关研究中，提出一种基于邻接三角形的门窗识别算法，算法可以简述如下：

（1）对立面构建 Tin 网；

（2）由于边界处的三角形具有更长的边，因此通过提取长边获得外边界点和内边界点，并对属于同一个空洞的点进行聚类；

（3）通过检测每个三角形的邻接三角形的个数，获取所有顶点落在边界点的三角形，即若某三角形具有两个或一个邻接三角形，则认为是边界上的三角形，否则为内部三角形；

（4）获取顶点落在边界点上的所有三角形，检查其邻域三角形个数，如果为三个，则表示该三角形的一个顶点为内部空洞的边界点。否则，为墙面边界上的点；

（5）对提取的空洞边界点进行最小矩形拟合。

魏征（2015）采用立面栅格图像与立面三角网相结合的方法对立面的门窗特

征进行提取，其算法简述如下：

（1）将立面点云投影到立面平面，生成立面栅格图像。

（2）针对栅格图像，进行内外轮廓线提取。

（3）利用内轮廓与外接矩形面积比，找出面积最接近矩形的内轮廓线，并根据其与立面下边界的距离，区分门和窗。

（4）对立面点云进行三角网构建。

（5）将立面栅格图像上提取的外接矩形反投到立面点云中，由于门窗处三角网具有面积大、边长更长等特点，在矩形范围内搜索具有这些特点的三角形，并更新矩形边界顶点。

除了利用三角网进行门窗边界检测的方法外，也有一些学者利用格网统计的策略对墙面的门窗进行识别。张志超（2010）通过对立面点云进行格网化，并根据格网单元内点的个数，利用区域增长法，找到具有低密度的格网单元的聚类，实现门窗的识别与提取。

当点云密度较大时，对立面点云进行整体构网或格网化是一个很耗时的过程，为了避免构网或格网化，本书采用一种基于边界点置信度的方式，实现门窗边界的识别。由上一节的楼层分析可知，边界点置信度表示某一点 p_i 位于边界上的概率。在算法中，我们首先将点置信度与设定的阈值 α 比较，判定该点是否为边界点，并对它是上、下、左、右边进行标注。以某点 p_i 为例，在水平方向，如果该点大于阈值 α（$0.5 + \partial \leqslant \alpha \leqslant 1.0$），$\partial$ 为偏差值（0~0.2），则该点被标记为右边界点。如果该点置信度小于 β（$0 \geqslant \beta \geqslant 0.5 - \partial$），则为左边界点。彩图 4-13 显示所有边界点的标注情况，彩图 4-13（a）中红点代表可能的左边界点，绿点代表可能的右边界点；彩图 4-13（b）红点代表可能的下边界点，绿点代表可能的上边界点。

2. 门窗识别与粗提取

由彩图 4-13 可以看出，经过上下和左右边界点的检测，立面可以在纵向或横向被分割为多个部分，为了定位门窗的位置，我们借助边界标注信息，并引入一个弱的先验知识：窗体位于左右边界和上下边界的包围盒内，且左边界点在右边界点左侧，上边界点在下边界点上侧。因此，唯有符合这个先验条件的区域才会是潜在的门窗位置。

如图 4-14 所示，竖直灰线和白线分别表示左边界和右边界，水平灰线和白线分别表示下边界和上边界。根据先验知识，满足条件的区域只有图中的 *A*、*B*、*C*、*D* 四个矩形区域。也就是说，这些符合条件的矩形区域为门窗的候选区域。

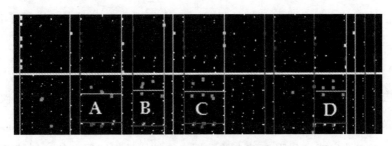

图 4-14　满足条件的区域

由于边界线标注得不准确，可能会导致门窗识别错误，这需要在候选区域中排除掉误识别的部分。由于门窗空洞区域应该具有很低的点密度，所以为了提高门窗识别的准确率，我们利用候选区域的点密度与点云平均扫描密度相比较的方法，对密度明显小于平均密度的区域进行保留。

3. 门窗结构精提取

经过上面的门窗识别，基本上可以确定门窗的大致范围，但门窗的边界点是不准确的。为了得到准确的边界点，本书借鉴了 Tattas（2012）提出的一种基于八象限的门窗提取算法。该算法思想如彩图 4-15 所示，在门窗范围内确定一点为坐标系原点，由此建立坐标系并将其分成八个象限，其中象限 II、III、VI、VII 部分以 y 轴为主方向，I、VIII、IV、V 部分以 x 轴为主方向。在 y 轴为主方向的象限里寻找在 y 方向上距离原点最近的点，在 x 轴为主方向的象限里寻找在 x 轴方向上距离原点最近的点。由于考虑到非矩形门窗的情况，需要迭代地执行该方法，而上一次迭代获取的点坐标用于确定下一次迭代时分割坐标系的直线的方向，即图中第一象限中直线 2 的方向由上一次迭代获取的角点决定。该过程迭代直到没有点更新为止，最终获得空洞的精确边界点。

4.4 本章小结

本章详细阐述了如何对建筑各组件的语义特征进行识别和语义信息进行提取，针对不同的语义特征，本书提出了相应的识别算法，总结如下：

（1）为了减少散乱点云数据的噪声、不均匀性，本书对点云进行了预处理，包括点云降采样、地面点云剔除处理等。

（2）针对屋顶轮廓线的提取，考虑到屋顶边界点扫描的完整性，本书提出了两种算法：基于 α-shape 的屋顶轮廓线提取算法，双边滤波与高斯混合模型的轮廓线提取算法。前一种算法适合于大多数边界扫描较完整的屋顶点云，而后者对于屋顶边界点缺失或边界噪声较大的数据，能较好地保留屋顶的尖锐特征。

（3）对于屋顶的一些细部结构，如屋檐和女儿墙，这些重要的细部特征不仅有实际的应用需求，同时也体现着模型的精细程度。本书基于先验知识实现对屋檐和女儿墙的检测，并给出了对这些细部结构进行尺寸量测的方法。

（4）针对楼层结构，本书根据门窗边界点在里面的分布情况，提出了基于边界点置信度的楼层结构分析算法，该算法能够较好地识别出楼层结构。

（5）根据楼层结构分析过程中估算的边界点置信度信息，本书提出了基于边界点置信度的门窗识别算法，该算法能够对建筑外立面每层的门窗进行检测，对门窗进行识别和粗提取，最后借助一种八象限门窗提取算法，对门窗进行精细化提取。

第5章　基于语义信息的建筑物三维重建

到目前为止，本书已阐述了建筑物各个部分语义特征识别与语义信息提取的方法和过程，为了将这些信息转化为本书提到的 XBML 代码，需要将得到的信息进行结构式存储，然后再转化为 XBML 文档。得到由这些语义信息组成的 XBML 文档后，再将这些 XBML 代码解析为三维建模引擎支持的内置脚本语言，并最终编译生成三维模型。本章将对涉及的技术和算法进行详细阐述。

5.1　语义信息转换

目前，从已有的相关工作来看，大多数研究将重点放在了语义特征识别方面，而忽略了对语义特征之间的依赖关系的研究，所得到的语义信息是无序的、散乱信息。本书认为只有将这些信息以层次化的形式组织起来，才能够用于对建筑物的精确描述和三维重建。这其中涉及语义信息的层次结构存储，数据库与 XBML 的映射技术。

5.1.1　语义信息层次结构存储

为了便于数据的管理，我们选择将提取的数据存入数据库中，而我们的语义信息是典型的层次结构数据，目前大多数数据库是关系型数据库，关系型数据库中的表并不擅长处理层次结构数据，尤其是层状数据中的父子关系难以在关系表中直接表达出来。

作为第二代数据管理系统，关系型数据库有诸多优点，例如，严密的数学理论基础、概念单一、数据结构简单易懂等。时至今日，关系型数据库仍然是目前主流的数据库管理系统，但在现实中，我们仍然面临如何用关系型数据库表达层次结构数据的问题，很多学者对此进行过大量尝试，张申勇等（2011）曾利用 SQL Server 2005 中的公用表表达式功能给出了递归查询和层结构数据管理的通用实现方法。孙宏伟等（2002）针对 XML 文档结构数据，利用模型驱动的思想，对 XML 与数据库的双向映射技术进行了相关研究。Hillyer（2012）曾研究过在 MySQL 中建立层次结构数据的方法，并给出嵌套集合模型与邻接表模型两种解决方案。虽然用关系型数据库可以表示层次结构类型的数据，但通常要将层次结构进行拆分，语义元素的每个属性对应数据表中的一个字段，这种方法破坏了数据层次结构，无法对数据进行恢复。这将导致关系数据库只能表示一些简单的层次结构数据，对于复杂的现实世界的一些描述，数据中包含着多种层次结构特征，如超类和子类形成的类层次结构，对象嵌套形成的嵌套层次结构，这些用传统方法是难以描述的。

近年来，随着 GIS、CAD 等领域对复杂数据的管理需求越来越强烈，逐渐催生了第三代数据管理系统——面向对象数据库系统。

面向对象数据库是融合了面向对象技术的数据库管理系统，与关系型数据库最大的不同是，面向对象数据库将数据视为对象，可包含属性和方法，数据间可以具有继承关系。与传统数据库相比，面向对象数据库有如下优势：

（1）易维护。由于采用了面向对象思想，可读性更好，并具有易于维护的优点。

（2）质量高。类似于面向对象程序设计中的可复用原则，面向对象数据库也具有可复用现有的被测试过的类。

（3）效率高。得益于面向对象接近于自然的思考方式，可以根据设计的需要对现实事物进行抽象。

（4）易扩展。面向对象数据库具有面向对象的三大特性：继承、封装、多态的特性，系统更加灵活，更容易扩展。

但是，由于纯粹的面向对象数据库缺乏数学模型支持，还不够成熟，面向对象数据库并没有广泛普及，为了满足现有的需求，一些厂商提出了对象-关系数据库系统，它是一种对现有关系型数据库系统的面向对象扩展，相较于纯粹的面向对象数据库，它不需要进行重新设计，不破坏现有技术，因此能够得到各大厂商的支持。

目前，在 GIS 领域，国内外很多学者已采用对象关系数据库对空间数据进行管理，付哲（2006）利用对象关系数据库管理和维护复杂的虚拟环境数据，何雄（2006）对空间数据的对象关系数据库管理的设计与实现进行了研究，Iuliana 等（2011）对结合对象关系数据库技术的空间数据管理进行了研究。从这些研究来看，对具有面向对象特征的数据模型使用对象-关系数据库的方法来进行管理已得到学者的肯定。

相较于关系型数据库，对象关系数据库在面向对象方面进行了扩展，使得关系型数据库有了面向对象特性，因此更容易得到厂商的支持，如 Oracle 的 PL/SQL 提供了对面向对象较好的支持，下面简要介绍利用 PL/SQL 进行面向对象数据表示的概念和方法（贾代平，2001；杨洁等，2003；柳丹，2006）。

（1）对象类的定义。

CREATE TYPE 对象类名 **AS OBJECT**（）；

括号内可以定义对象类的属性和方法，例如：

```
CREATE TYPE Building AS OBJECT
(
    Post_Code NUMBER (6),
    Name VARCHAR2 (100),
    AddressVARCHAR2 (200)
) NOT FINAL;
```

NOT FINAL 表示该类型不是最终类型，可以进行继承。

（2）对象类嵌套。

```
CREATE TYPE Site AS OBJECT
(
    CountryCHAR(10),
    City VARCHAR(25),
    Bldling Building
);
```

（3）对象类型的继承。通过 UNDER 关键字实现：

```
CREATE TYPE SUB_Building UNDER Building
```

```
(
    Height NUMBER,
    AREA NUMBER
);
```

（4）对象类实例化。与面向对象编程类似，对象类需要实例化：

`DECLARE OBJ_Building Building`

（5）对象初始化。

声明完一个对象后，要对其进行初始化，否则无法引用其属性。在 PL/SQL 中，初始化工作在构造函数中进行，构造函数默认自动生成，函数名称与类名相同，参数与属性相对应，其返回值为对象类型。因此，以上面的对象 OBJ_Building 为例，初始化方法如下：

`OBJ_Building = Building`（100380，'测绘大厦'，'北京市海淀区莲花池西路 28 号'）；

（6）对象类方法的声明与定义。

对象类方法是对数据的操作部分，相当于面向对象的成员函数。它的声明如下：

```
CREATE TYPE Building AS OBJECT
(   Post_Code NUMBER (6),
    Name VARCHAR2 (100),
    Address VARCHAR2 (200),
    MEMBER FUNCTION GETPOST_CODE (x Building)
    RETURN NUMBER (6)
);
```

在类成员主体部分，定义函数 GETPOST_CODE （　）具体实现：

```
CREATE TYPE BODY Building AS
MEMBER FUNCTION GETPOST_CODE (x Building)
RETURN NUMBER (6) IS
BEGIN
    RETURN x. Post_Code;
```

```
END GETPOST_CODE
END
```

除此之外，PL/SQL 还提供了一些类型和特性用于更好地支持面向对象应用：

（1）抽象数据类型（Abstract Data Type），这种类型是相对于标准数据类型如 NUMBER、VARCHAR 等而言的。类似于抽象类，可以包含多个标准类型。

（2）嵌套表类型（Nested Table），这种类型把一个表的每个字段都定义成一个表，而该字段表存储在外部的表中。

```
CREATE TYPE table_type AS TABLE OF type
```

其中 type 为任何类型，包括标准类型和对象类型。

（3）变长数组类型（VARRAY/VARYING ARRAY），它是一种对象类型，用来表示多个重复数据项。它的使用与嵌套表相似，但变长数组的元素最大个数是有限制的。

```
CREATE TYPE varray_type AS ｛VARRAY｜VARING ARRAY｝(size_
limit) OF type
```

其中，varray_type 为指定的变长数组类型名，size_limit 定义变长数组最大个数，type 为任何类型。

（4）引用对象（Referenced Objects），类似于面向对象中的引用类型，引用型对象与引用它的主表是通过引用关系建立关联的。

（5）对象视图（Object View），它是对关系视图的扩展，通过对象视图，可以在关系数据模型基础上使用面向对象特性，通过对象视图机制，可以发挥关系数据结构和对象数据结构各自的优势。

在本研究中，为了后期便于语义信息转化为 XBML 格式，以及考虑到本书的语义建模框架中，语义组件之间存在继承关系和嵌套关系等多重层次关系，增加了问题复杂度，传统关系数据库的方法并不适用。根据上文的分析，对象关系型数据库能够很好地解决这个问题，提取的语义信息不再需要拆分结构，而是直接以对象的方式进行描述并存入数据库管理系统，语义信息之间的结构信息也很好地保留了下来。语义信息层次结构存储的方法如下：

（1）首先根据语义建模框架分别在语义信息提取程序端和数据库端中定义相应的语义类，类名和属性与框架中的定义保持一致，并建立数据库端与语义提取程序端语义类的映射关系；

（2）由于语义信息的提取过程是按照语义建模框架的预设层次顺序进行的，因此语义类对象也是以语义树的形式存储在存储介质中的；

（3）最后，当全部语义信息提取完毕后，对语义树进行遍历，根据语义类的映射关系，对树中的每一个节点在数据库端生成一个对象实例，并对属性信息进行存储。

5.1.2　数据库与 XBML 映射

本书提到的 XBML 描述语言基于 XML 技术，因此从数据库中将数据转化为 XBML 的过程其实是将上面存储的语义信息映射为 XML 结构文档的过程。在对象关系数据库出现之前，很多学者尝试对关系型数据库到 XML 数据的转出进行研究（韩文琳等，2005；高阳等，2003；魏建红等，2007；张斌等，2005；周德军，2010）。总体来说，从关系型数据库得到 XML 数据主要涉及两方面问题：关系表结构的转换和表关系的转换。表结构转换，常见的做法是表名转化为 XML 元素，字段名转化为元素属性。除此之外，也可以将表名转化为 XML 父元素，字段作为子元素。而在表关系转化时，问题则变得复杂起来，因为关系数据库中的表关系是网状结构关系，将网状结构关系转化为树结构关系则涉及表的一对多关系、多对一关系等。

由于对象关系数据的面向对象特性，相较于传统的关系数据库，在转换数据到 XML 文档时，可以直接对对象进行操作，这使得问题得到大大简化。将对象关系数据库的信息转为 XML 的算法主要思想如下：

（1）将数据库中的对象对应生成 XBML 文档中的元素；

（2）将对象中包含的每个简单数据域用元素的属性来表示；

（3）对于对象中的特殊类型的数据域，我们预定义了输出格式（表 5-1），应对照该格式进行格式化输出；

（4）对于嵌套类对象，对每个子对象域用递归的方法逐层检索，重复步骤（1）（2）（3）生成相应的元素，并将该元素作为上一级的子元素；

（5）当数据库中所有的对象遍历完成后，停止。

XBML 中一些特殊类型属性的输出格式见表 5-1。

表 5-1　　　　　　　　XBML 中一些特殊类型属性的输出格式

属性	格式	示　　例
points	"x1，y1，z1　　x2，y2，z2　　x3，y3，z3，……"	"83.5012，68.7714，112.99　　67.8156，65.4397，112.99 ……"
pos	"x，y，z"	"3.0396, 2.06995, 0"
cycles	"v1，v2，v3，… v4，v5，v6，…"	"1，2，3　1，3，4 …"
planes	"nx, ny, nz, px, py, pz"	"-0.04877，0.2171，0.9749，64.1849，81.9297，134.515 …"

5.2　XBML 解析器的设计

XBML 解析器的主要功能是将 XBML 代码转化为三维建模平台可执行的内置脚本代码，如 MAXScript、Python 等。其本质是将语义信息转化为实际几何算法并生成三维模型，因此，我们也将 XBML 解析器称作语义解析器，解析器的结构如图 5-1 所示。

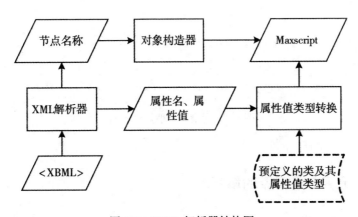

图 5-1　XBML 解析器结构图

前文第 2 章提到过，我们提出的语义建模框架的一个特点就是将建筑的语义描述与几何建模算法相分离，几何建模算法封装在建筑组件库中的组件类中。它是面向三维重建而设计的，为了能够表达建筑层次结构之外的一些结构特征，我们借鉴了 XAML 中的附加属性，一种在某组件类中定义，而在其他类里调用的属性。从建筑设计的角度来看，由于该语义建模框架具有参数化建模的特性，也可用于建筑的概念设计阶段。

在我们的设计中，XBML 中的标签和属性（attribute）对应于相应的组件类对象和类属性（property）。由于 XBML 是基于 XML 的标签语言的，因此我们用 XML 解析方法获取属性名、标签名以及相应的值；而对于附加属性，需要经过进一步判断处理。除此之外，还有很重要的一步，就是属性值类型的转换，在 XML 文档中，所有的属性都是以字符串的形式表达的，在转化到脚本代码中时，需要考虑它们的值类型，这需要根据预定义的类型转换器，将解析得到的字符型数值转化为相应的数据类型；最后，基于 XBML 节点的层次关系，将解析得到的脚本代码整合在一起，生成对应的脚本文件。本节我们将针对 XBML 解析过程中的几个关键点，进行深入讨论。

5.2.1　元素和一般属性的解析

在框架中，每一个元素名代表组件类库中的一个类对象。元素的一般属性（attribute）对应类对象的成员变量（property），如图 5-2 所示。

```
<Building height="21.355" name="building1" type="#shape" points="66.9,64.0,113.0...">

</Building>

Building_1 = Building height:21.355 name:"building1" type:#shape points:#([66.9,64.0,113.0], ...)
```

图 5-2　元素和一般属性解析

5.2.2　父元素与子元素的解析

根据每一个元素对应一个类对象的原则，我们可以将 XBML 文档以逻辑树的形式表示类对象之间的关系，如图 5-3 所示。

在脚本语言中，我们通过定义接口 AddElement（）来添加子对象，因此在

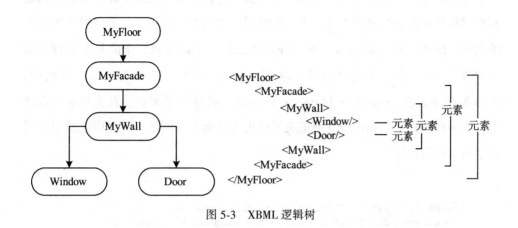

图 5-3 XBML 逻辑树

解析过程中，我们根据元素节点的父子关系，将子元素的对象通过 AddElement 添加到父元素的对象中去，以图 5-3 的文档为例，它的父元素和子元素解析如图 5-4 所示。

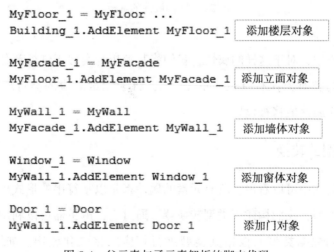

图 5-4 父元素与子元素解析的脚本代码

5.2.3 附加属性的解析

本书所使用的附加属性语法借鉴自 XAML 中的做法，引入该特性的目的是允许子元素能够对父元素中的属性指定唯一值。这样，每个建筑组件子元素可以定制它们在父元素上的呈现方式。下面的例子（图 5-5）展示了一个使用附加语法的例子，窗体元素（Window）在堆栈墙体元素（StackWall）中的复制个数及窗体间隔大小，这是通过设置 StackWall.repetition 和 StackWall.margin 实现的，StackWall 是类名，repetition 和 margin 是 StackWall 定义的属性。在建筑立面设计中，大多数情况下，门窗与立面的关系可视为立面布局问题。附加属性的引入增强了表达的灵活性。

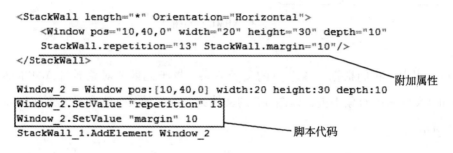

图 5-5   附加属性的解析

而在解析中，对于这样的属性，我们将其解析为类似于红框部分的语法，当父元素对应的类对象执行 AddElement（），将子元素对应的类对象加入其内部时，它的相应属性值将被设置。

5.2.4   类型的转换

从上面的式中可以看出，所有元素的属性都是以字符串的形式出现的，为了得到正确的类型，我们构建了类型转换器，通过它，解析器可以利用类名和属性名查找属性的数据类型并根据其类型进行相应的格式化输出。如图 5-6 所示，Window 的 pos 属性在脚本 MAXScript 中的类型是 Point3 类型，而在元素中，该属性为字符串"20，60，0"。类型转换器通过类名和属性名，检索属性类型，当获得类型后，调用相应的类型转换器将字符串按照指定的格式转换。

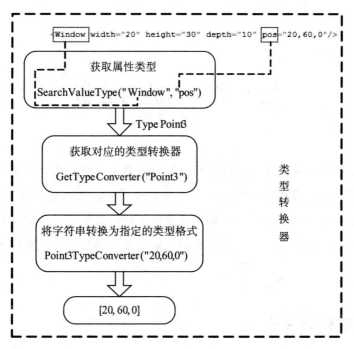

图 5-6　类型转换器

5.3　本章小结

　　本章详细研究了如何利用语义信息进行自动化重建的过程。针对语义信息向 XBML 的转化，本书阐述了语义信息的层次化存储方法及数据库向 XBML 映射的方法。然后，对于 XBML 的解析，本书进行了重点阐述，由于 XBML 的解析并不能简单地等同于 XML 的解析，而是 XBML 向另一种编程语言的解析过程，因此本书研究了其中涉及的一些技术难点，如 XBML 元素和一般属性的解析，父元素与子元素关系的解析，附加属性的解析以及解析属性时数据类型的转换等。

　　通过本章的研究，实现从语义信息的自动存储、XBML 自动生成到 XBML 自动解析并生成建筑模型的过程。

第6章　实验与分析

为了验证本书所提方法的可行性，我们选取了一组数据，对本章提到的各个技术环节和算法进行验证和分析。本章首先对实验数据进行基本情况介绍，然后针对本书提出的语义建模框架进行建模实验，紧接着利用多组数据，进行建筑物的语义三维重建实验，最后我们对重建结果的精度和完整度等进行系统的评估。

6.1　实验数据与平台

本书以某地区的一组机载 LiDAR 扫描的数据作为实验数据，点云密度在 8~9 个点每平米，由 TerraScan 获取的高精度机载 LiDAR 数据（图 6-1）。由于在机载点云中，大多数建筑只有屋顶部分得到较好的扫描，为了能够对本书所提出的

图 6-1　机载 LiDAR 实验数据

算法如立面提取、楼层信息提取算法进行验证，我们从该数据中挑选出三个立面扫描相对较好的，具有不同风格的建筑点云——低矮坡屋顶建筑、多层坡屋顶建筑和多层平屋顶建筑（图 6-2）。

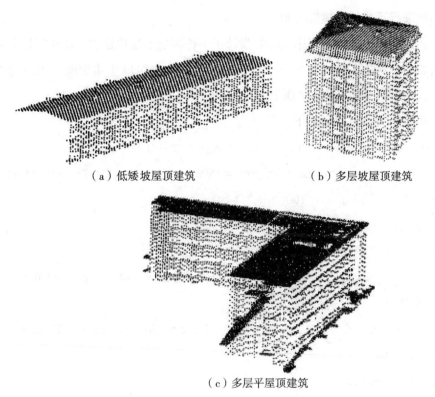

（a）低矮坡屋顶建筑　　　　　　　　（b）多层坡屋顶建筑

（c）多层平屋顶建筑

图 6-2　三组单体建筑点云数据

　　为了有效验证本研究所提方法的可行性，我们开发了基于语义的三维重建原型系统作为实验平台。该系统运行于 Windows 平台，其中，语义建模框架是以 3ds Max 2015 为建模引擎，利用 MAXScript 构建的。而基于点云的语义特征识别相关算法是基于 C/C++实现的，在实现过程中，一些常用算法如 kdtree 算法是基于 PCL（Point cloud Library）改进而来的，XBML 的解析器是由 Python 实现的。

6.2 语义建模框架建模实验

为了能够验证本书构建的语义建模框架在建模方面的有效性，我们单独使用该框架进行了建筑物建模实验。

在该实验中，我们利用 XBML 设计了一栋多层平屋顶建筑，该建筑包含多种立面布局，具备多种门窗样式和立面装饰物，该建筑属于典型的三段式建筑风格，其建模结果如彩图 6-3 所示。

相应的 XBML 代码如下：

```
<? xml version="1.0" encoding="UTF-8" ? >
<Building type="cube" height="500" width="400" length="400">
  <MyFloor height="100">
    <MyFacade facelist="#(3)">
      <MyWall length="200">
        <Fixedwindow width="20" height="30" depth="10" pos=
"20,60,0"/>
        <Pivotdoor width="30" height="70" depth="10" pos="50,
75,0"/>
      </MyWall>
      <MyWall length=" * ">
        <HSlidingWindow width="20" height="30" depth="10"
open="50" pos="20,60,0"/>
        <HSlidingWindow width="40" height="70" depth="10"
          HorizGridNum="2" VertGridNum="2"
          open="30" pos="50,75,0"/>
        <VSlidingWindow width="30" height="40" depth="10"
open="50" pos="110,65,0"/>
      </MyWall>
    </MyFacade>
```

```
        </MyFloor>
        <MyFloor height="100">
          <MyFacade facelist="#(7)">
            <StackWall length="*" Orientation="Horizontal">
              <VSlidingWindow width="20" height="30" depth="10"
                StackWall.repetition="13"
                StackWall.margin="10"
                open="80" pos="10,40,0"/>
            </StackWall>
          </MyFacade>
        </MyFloor>
        <MyFloor height="100">
          <MyFacade facelist="#(47)">
            <GridWall length="300" nRow="5" nColumn="5">
              <Window width="30" height="30" depth="10"
                HorizontalAlignment="Center"
                VerticalAlignment="Center"/>
              <Decoration type="rect" width="3" height="10"
thickness="2"
                HorizontalAlignment="Left"
                VerticalAlignment="Top"/>
            </GridWall>
            <StackWall length='*'>
              <Fixedwindow width="40" height="80" depth="10" pos="
20,90,0"
                StackWall.Orientation = "Vertical"
                StackWall.repetition = "3"
                StackWall.margin = "20"/>
            </StackWall>
```

```
</MyFacade>
<MyFacade facelist="#(50)">
  <StackWall length="*">
    <Fixedwindow width="30" heigth="40" depth="10" pos="
190,40,0"
        StackWall.Orientation="Vertical"
        StackWall.repetition="6"
        StackWall.margin="10"/>
  <StackWall>
</MyFacade>
<MyFacade>
<MyFacade facelist="#(48)">
  <StackWall length="*">
     <Fixedwindow width="30" height="40" depth="10" pos=
"190,40,0"
      StackWall.Orientation="Vertical"
      StackWall.repetition="6"
      StackWall.margin="10"/>
  </StackWall>
</MyFacade>
 </MyFloor>
<FlatRoof height="10" extension="30"/>
</Building>
```

从以上代码可以看出该建筑大体分为三段，由下到上，第一段立面包含一些自由布局的门窗，我们使用了两个 MyWall 组件，每个 MyWall 对象包含两个固定窗（FixedWindow）和一个门（Door）组件，由于第二个 MyWall 组件一直延伸到末尾，所以 length 的值为"*"。对于建筑的第二段，主立面包含了 13 个间隔为 1m 的固定窗，我们使用了 StackWall 组件，并用 FixedWindow 作为其子组件，通过调用附加属性语法，实现对自身布局的定制。而建筑的第三段是最复杂的部分，我们把这部分立面拆成两部分进行窗体布局，第一部分为 5 行 5 列的网格结构的布局，GridWall 组件在这里被调用负责网格布局，固定窗作为其子组件，彼此保持横纵方向中心对齐。第二部分布局为一列纵向排列的跨层窗，这里使用了 Stackwall，并通过附加属性语法设置为 Stackwall 纵向排列属性和 2m 的间隔属性。值得注意的是，楼梯两侧分别利用 Stackwall 生成了窗体。该建筑的屋顶我们选择了平屋顶，屋顶的厚度为 1m，屋檐伸出为 3m。

从上面的代码可以看出，本书提出的语义建模框架 XBML 能够对建筑进行有效的描述，与 CityGML、gbXML 以及 IFC/IFCXML 相比，XBML 能够利用更精简的描述实现对建筑的三维重建，这主要是因为 XBML 的参数化、语义化的建模思想，免去了记录底层几何数据导致的复杂冗长。

6.3 建筑物语义三维重建实验

6.3.1 单体建筑重建实验

为了验证本书提出的基于语义信息提取与语义三维建模框架来进行重建的方法的可行性和有效性，本节我们采用了三组具有不同风格的建筑点云进行重建实验，通过对它们进行语义特征识别，将提取的语义信息整合到语义建模框架中，实现三维重建，以此对比实验效果。

1. 实验一

第一组实验采用的是具有坡屋顶结构的两层住宅建筑的点云数据，在该数据中，只有一个外立面得到了较完整的扫描（图 6-4（a）所示），图 6-4（b）为重建后的结果。

从结果中可以看出，屋顶得到了较好的重建。对于立面，即使没有得到完整的扫描，也被成功重建，这是因为本书的语义建模框架通过参数化的思想，利用屋顶轮廓线实现了立面重建。对于楼层，根据本书提到的点置信度的方法，基本实现了楼层结构的识别。相较于屋顶和立面，立面门窗的重建效果相对较差，从结果中可以看出大部分窗洞在横向上与原始数据基本保持了一致，而在纵向上，

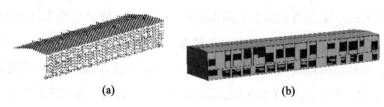

（a）　　　　　　　　　　　　　　　（b）

图 6-4　重建结果对比图

窗体的高低起伏和高度变化较大，这主要是由于窗体上下边界的识别不准确导致的，具体原因将在精度评估中阐述。

2. 实验二

第二组实验我们挑选了一栋具有四面坡屋顶的多层建筑作为实验对象，如图 6-5（a）所示，该建筑有两个立面的点云数据被采集到，其中一个立面点云密度较稀疏。

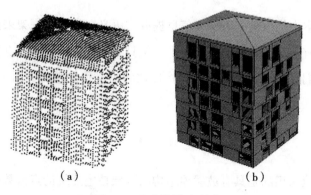

（a）　　　　　　　　　　　　　　　（b）

图 6-5　重建结果对比图

从图 6-5（b）可以看出，除了较完整地重建了立面和屋顶外，该建筑最明显的楼层结构特征得到了较好的识别和重建。对于立面的门窗，正立面的门窗重建效果强于侧立面，这主要是由于侧立面的点云过于稀疏，导致孔洞特征不明显，门窗识别率低。而对于正立面的门窗，虽然大部分门窗识别出来了，但也存在门窗尺寸不准确和将一些非门窗位置识别为门窗的问题。这主要是由于边界点检测仍存在误差，导致空洞区域的检测出现偏差。值得注意的是，该建筑屋顶并不是典型的四坡屋顶，在屋顶四周存在较窄倾斜的屋顶面，由于本书使用的是区域生长法，该算法对噪声较敏感，使得分割过程中，并未将这些较窄的倾斜屋顶面分割出来。

3. 实验三

第三组实验，我们将具有平屋顶结构的多层建筑点云作为实验对象。该建筑具有较复杂的屋顶轮廓线，并且具有大尺寸的条形门窗结构，如图 6-6（a）所示。该建筑所处的位置，地面存在一定的起伏度，因此在剔除地面时，未能将所有地面点剔除干净，但这并不影响建筑的语义特征识别与提取实验。

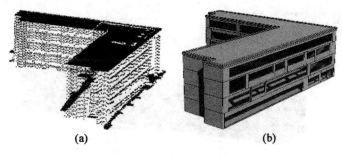

(a)   (b)

图 6-6　重建结果对比图

从图 6-6（b）来看，该建筑得到了较好的重建。虽然屋顶轮廓线比其他建筑复杂，但仍得到了较完整的提取。在进行细部结构检测时，我们也检测到了屋檐和女儿墙，利用本书提到的方法，屋檐挑出的距离与女儿墙的高度得到了量测，并根据悬挑距离，对轮廓线进行了内缩，得到建筑主体的合理轮廓线尺寸。而对于女儿墙的厚度，没能正确估算而是给予默认值。对于门窗的重建，可以看出，重建的窗体被不规则地分成了若干个，这主要是由于利用点置信度评估左右边界点时产生的误差导致的，而左右边界点识别错误是由于点云的不均匀分布、噪声以及立面点较稀疏导致的。对于重建的窗体高度明显高于原始数据呈现的高度，也主要是由于上下边界点识别不准确导致的。

6.3.2　模型的编辑修改实验

在传统的建模方法中，大多数自动化的重建方法都不提供对模型的编辑和修改功能，这是由于产生的模型是纯粹的网格模型，对其进行编辑修改是件非常困难和专业的工作，要借助专业的三维建模软件，如 3ds Max，Maya 等来实现。而即使借助了这些专业软件，网格模型的编辑修改依然是一项非常繁琐的任务，需要熟悉建模软件的专业人员进行编辑。

本书提出的方法具有对象化、参数化的设计思想，在保证自动化重建的同时，又很好地解决了三维模型的编辑修改问题。对模型的编辑修改只需要对生成的建筑描述文件 XBML 文件进行修改即可。为了验证这一过程，我们根据上述三组实验结果，在其基础上，对它们的 XBML 文件进行修改，得到了更加接近真实建筑的新模型，如图 6-7 所示。

图 6-7　对重建结果 XBML 文档修改后效果图

6.3.3　模型精度评估

目前，三维城市模型的用途越来越广泛，模型从过去的三维浏览为主朝着多元应用的方向发展，对模型质量、完整性和重建精度等方面的提高是近年来相关行业最迫切的需求之一，因此，对三维城市模型进行精度评估是非常有必要的。

为了便于重建模型质量的评估，我们将模型的线框图与点云叠加显示，如彩图 6-8 所示。从图中可以看出，整体上线框与点云较好地套合在一起了，局部存在一些偏差。由于考虑到了屋檐悬挑距离，重建的立面与原始数据套合得较准确。

为了能对上述重建工作进行模型完整度及几何精度的评估，我们选取建筑最主要的两部分：屋顶和立面部分作为评估对象。在完整度的评估中，我们对比屋顶本身具有的面片数与重建的面片数来衡量屋顶重建的完整度，见表 6-1。同理，对于立面，通过对比重建的立面数与建筑本身具有的立面数来衡量立面的重建完整度，见表 6-2。对于几何精度，则通过计算点到相应屋顶面或立面的距离的均方根误差 RMSE（Root Mean Square Error）来描述。

从表 6-1 中可以看出，实验二中屋顶重建的完整度不及另外两组，如彩图 6-8（b）中黄色标记的部分，由于区域生长算法对点云分布的均匀性与噪声的敏感性，标记处的点云被剔除。对于几何精度，屋顶和立面没有过大的偏差。

表 6-1 　　　　　　　　　　　**屋顶重建的完整度与几何精度**

样本	重建屋顶面片数	实际屋顶面片数	完整度（%）	RMSE（m）
1	2	2	100	0.111
2	4	6	67.7	0.079
3	1	1	100	0.07

表 6-2 　　　　　　　　　　　**立面重建的完整度与几何精度**

样本	重建立面数	实际立面数	完整度（%）	RMSE（m）
1	4	4	100	0.368
2	4	4	100	0.361
3	10	10	100	0.147

表 6-3 为屋顶点云到屋顶面片，立面点云到立面距离的正态分布图。

表 6-3 　　　　　　　LiDAR 点云到屋顶面和立面距离正态分布图

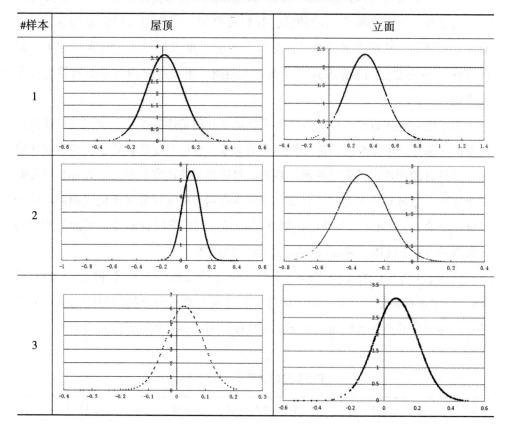

#样本	屋顶	立面
1		
2		
3		

从表 6-2 中可以进一步了解到，对于屋顶，大多数点到屋顶面的距离小于 0.2m。对于立面，立面整体的几何精度都低于屋顶的重建几何精度，点云到立面的距离控制在 0.1~0.5m，这主要是由两个原因导致的，第一个原因是由于在第一组和第二组实验中，建筑的屋檐未能准确识别出，导致由屋顶点云获取的轮廓线略微大于建筑主体范围，最终导致误差；第二个原因是相较于屋顶点云，立面存在很多不易识别的立面装饰物或窗台等突出物，这些会扩大误差范围。但总体来说，无论屋顶还是立面的重建，整体的几何精度都在可接受的范围内，能够满足行业需求。

6.3.4 　语义特征识别准确率评估

与传统的数据驱动建模方法和纯粹的语法规则建模方法不同，本书提到的重建方法对语义特征的识别具有很强的依赖性，也就是说，除了搭建良好的语义建模框架之外，语义特征识别与提取也是我们重建的关键组成部分。因此，为了能够对语义特征识别的准确性进行评估，我们参考了一些相似工作的做法，如 Dahlke 等（2015）在利用倾斜影像进行真实三维重建研究中，采用了精确率（Precision）、准确率（Accuracy）和召回率（Recall）指标来评价立面等特征的提取进行评估；Wang（2015）在其基于点云的 BIM 组件提取研究中，同样也使用了这三个指标评价其建筑组件提取的准确性。这三个指标常用于机器学习、自然语言处理和信息检索等领域的分类器性能评价。它们的计算公式如下：

$$Precision = \frac{TP}{TP+FP} \tag{6-1}$$

$$Recall = \frac{TP}{TP+FN} \tag{6-2}$$

$$Accuracy = \frac{TP+TN}{TP+TN+FP+FN} \tag{6-3}$$

其中，TP、TN、FP、FN 的含义见表 6-4。

表 6-4 **TP、TN、FP、FN 的含义**

	相关（正类）	不相关（负类）
被检索到的样本	True Position（TP 将正类判定为正类）	False Position（FP 将负类判定为正类）
未被检索到的样本	False Negative（FN 将正类判定为负类）	True Negative（TN 将负类判定为负类）

通俗地表述，TP 是指正确被分类的样本数目；FN 是指没能分类出来的样本数目，即漏报样本数；FP 是指被错误分类的样本数目，即误报样本数；TN 是指正确拒绝的非匹配数目。

准确率（Accuracy）是指对于给定的数据集，分类器正确分类的样本数与总样本数的比值，它反映了分类器对整个样本的分类能力。准确率是一个较直观的评价指标，但在一些特殊情况下，如数据分布不均匀的情况下，准确率很难反映分类算法的好坏。因此需要引入精确率指标和召回率指标。精确率（Precision）是指被正确检测到的样本与实际检测到的样本的比值。它反映的是实际检索到的样本中有多少是真正正确的样本。召回率（Recall）是指被正确检测到的样本与应该被检测到的样本的比值。下面我们将对上述三个实验语义特征的准确率、精确率和召回率进行评估。

从表 6-5 中可以看出，对于像实验一这种双坡屋顶结构的建筑类型，我们的语义特征识别算法具有较高的识别率，能够较好地识别楼层、窗体与屋顶结构。

表 6-5　　　　　　　　　　实验一的语义特征识别评估

	TP	FP	FN	TN	Precision（%）	Recall（%）	Accuracy（%）
楼层	2	0	0	33	100	100	100
窗体	29	1	0	5	96.7	100	97.1
屋顶	2	0	0	32	100	100	100

对于第二组实验，见表 6-6 有多组特征，包括楼层、门窗、屋顶和屋檐等。整体来看，对于较明显的语义特征，我们的算法能够较好的识别，但对于一些建筑细部结构，屋檐没能正确识别。对于窗户，9 个被错误识别的窗户和 8 个没能识别的窗户主要集中在侧立面，这些误识别与遗漏识别的窗户是由于侧立面点云过于稀疏，导致无法准确区分立面点与边界点。

表 6-6　　　　　　　　　　实验二的语义特征识别评估

	TP	FP	FN	TN	Precision（%）	Recall（%）	Accuracy（%）
楼层	7	0	0	49	100	100	100
窗户	44	9	8	12	83	84.6	76.7
门	1	0	1	55	100	50	98.3
屋顶	4	2	0	52	66.7	100	96.6
屋檐	0	1	0	56	0	0	98.2

对于第三组实验,见表6-7由于窗体的宽度特别大,我们的识别算法没能很好地将其识别出来,将其识别为若干个子窗体,但总体来看,这些窗洞依然得到了识别。对于门,三组实验对门的检测成功率都较低,主要是由于立面点云较稀疏,多数门被识别为窗户或遗漏未能识别。

表6-7　　　　　　　　　　　　　实验三的语义特征识别评估

	TP	FP	FN	TN	Precision（%）	Recall（%）	Accuracy（%）
楼层	4	0	0	11	100	100	100
窗户	8	0	0	7	100	100	100
门	0	1	0	15	0	0	93.8
屋顶	1	0	0	14	100	100	100
屋檐	1	0	0	14	100	100	100
女儿墙	1	0	0	14	100	100	100

通过对上述三组单体建模实验及其各项的评估可以看出,我们的方法既保持了传统的数据驱动建模方法具有的几何精度,同时也具有基于模型建模驱动方法的灵活性。

6.3.5　大范围重建实验

从上面单体建筑重建实验来看,本书提出的方法能够较好地实现建筑的重建,为了进一步验证本书的方法在大范围区域重建的能力,我们从原始数据集中挑选了一个区域作为大范围重建实验的数据源,该区域有足够数量的建筑,每个建筑至少有一个立面被扫描到,如图6-9所示。

相应的几何精度与完整度统计结果见表6-8。

表6-8　　　　　　　　　　　屋顶和立面重建完整度和几何精度

	重建模型面片数	实际建筑面片数	完整度（%）	RMSE（m）
屋顶	40	40	100	0.21
立面	80	80	100	0.37

图 6-9 大范围重建实验结果图

语义特征识别精度评估见表 6-9。

表 6-9　　　　　　　　　大范围重建语义特征识别精度评估

	TP	FP	FN	TN	Precision（%）	Recall（%）	Accuracy（%）
楼层	34	0	6	323	100	85	98.4
窗户	268	101	132	89	72.6	67	60.5
屋顶	39	0	1	318	100	97.5	99.7
屋檐	16	0	4	341	100	80	98.9

从上面的统计结果来看，在大范围的建模实验中，屋顶、立面、楼层、屋檐仍保持着较高的识别率，而对于窗户，在立面点云较为稀疏的情况下，72.6%的精确率，67%的召回率和 60.5%的准确率也在预料之中，窗体的检测受点云密度、噪声以及均匀性影响较大，有待进一步提高。总体来说，本研究提出的重建方法基本上满足大范围建筑重建工作的要求。

6.4　本章小结

本章主要介绍如何通过实验对本书所提出方法的有效性和可行性进行验证。本章首先介绍了实验数据和实验平台，然后针对语义建模框架的建模能力进行了实验，实验表明语义建模框架具备语义化参数化建模的能力。在三维重建实验中，本章利用四组实验对本书所提方法在单体建筑物重建和大范围建筑物重建方面进行了详细的描述，并对实验结果进行了更进一步的对比分析，结果表明，本书所提方法在城市自动化语义三维重建方面具有较好的可行性和有效性。

第 7 章　结论与展望

7.1　研究工作总结

　　本书在对已有的大量三维城市重建方法进行分析的基础上，对目前主流的基于数据驱动的重建方法、基于模型或语法规则的重建方法、基于先验知识的重建方法以及基于深度学习的重建方法等，在实际应用中的优势和不足进行比较，并在模型单体化、丰富的语义信息、精细的几何细节和自动化程度等方面展开论述的基础上，据此提出了基于语义建模框架的机载 LiDAR 点云建筑物三维重建方法，旨在解决现有方法遇到的瓶颈，同时继承现有方法优势。本书的主要研究工作如下：

　　（1）讨论了目前行业对三维城市建模提出的新的要求，如模型单体化、丰富的语义信息、精细的几何细节和自动化程度等。并比较了机载 LiDAR 平台、车载 LiDAR 平台和地基 LiDAR 平台的不同。

　　（2）详细阐述了基于数据驱动重建方法、基于模型或基于语法规则建模方法、基于先验知识重建等方法以及基于深度学习的方法的优点和不足，并在数据源依赖程度、模型质量、语义信息丰富程度、自动化程度、是否保持模型尖锐特征和是否具备单体化能力等方面进行了详细的对比分析。

　　（3）提出了面向三维重建的语义建模框架。在对现有主流城市建模方法对比分析后，我们提出了一种轻量级的面向三维重建的语义建模框架，并对其具体细节和设计过程进行详细阐述。该框架由两部分构成：可扩展的建筑建模语言（eXtensible Building Modeling Language，XBML）和对应建筑组件库。XBML 负责对建筑结构的语义化、参数化进行描述，而对应的建筑组件库封装了具体的建模算法，根据 XBML 对应标签提供的参数生成具体的三维模型。与以往的方法相比，利用 XBML 能够使建模更加面向对象化，并且 XBML 具有更好的可读性，便于编辑，可重复利用，因此具有很好的复用性。另外，该框架将建筑的语义描述和建模过程相分离，在已建立建筑组件库的前提下，可以使建模人员更专注于建筑的描述，而不用关心具体的几何建模细节。

（4）针对屋顶轮廓线提取，分别提出两种算法：基于 α-shape 的屋顶轮廓线提取算法，双边滤波与高斯混合模型相结合的轮廓线提取算法。第一种算法适用于大多数的屋顶点云，而第二种算法主要是针对当屋顶边界存在扫描不完整的特殊情况。

（5）针对坡屋顶的构建，提出基于最小环结构的坡屋顶构建算法。通过对屋顶拓扑图（Roof Topology Graph，RTG）的改进，将坡屋顶构建转化为经典的最小独立闭合环和最小独立回路问题，精简了现有理论。

（6）提出了基于点置信度的楼层分析算法。该算法能够利用立面点云中门窗边界的分布特征，实现对楼层结构的检测和语义信息提取。在该算法中，对于点置信度的求取，相较于通过计算协方差矩阵来求取的方式，本书的改进算法具有更低的空间复杂度和时间复杂度。

（7）针对传统重建方法对建筑的细部结构关注度不够等问题，本书提出了屋顶细部结构识别相关算法，实现对屋檐和女儿墙的检测识别和尺寸估计。

（8）基于楼层结构分析中获取的门窗边界点置信度信息，本书提出了基于点置信度的门窗检测算法。首先通过点置信度检测出门窗的上下边界和左右边界，然后通过边界点的上、下、左、右标记，粗略定位门窗位置，并进行提取，为了使提取的边界点更加精确，本书基于粗提取结果，采用了一种八象限边界点检测算法实现对门窗的精提取。

（9）详细阐述了语义信息层次化存储方法。由于提取的语义信息之间具有层次关系，简单的存储是无法将语义信息转化为本书提出的 XBML 文档格式的，即无法实现语义信息向语义建模框架的转换。为了能够在保存语义信息的同时，保持语义信息间的层次结构，本书引入了对象关系型数据库来存储提取的语义信息，并且详细描述了如何利用对象关系型数据库的面向对象特性表达符合我们要求的建筑语义。

（10）着重阐述了 XBML 解析器的设计。XBML 的解析并非简单的 XML 的解析过程，是从 XBML 到另一种编程语言（MAXScript、Python）的解析过程。文中对解析过程中涉及的关键技术问题：元素和一般属性信息解析、父元素与子元素解析、附加属性解析以及属性解析过程中涉及的类型转换等问题进行了详细阐述。

7.2　本书的创新点

本书的主要贡献在于：提出了一种基于语义建模框架的建筑物重建方法，该方法集成了数据驱动建模方法、模型驱动建模方法与基于先验知识重建方法的优点，提高了语义化三维重建的自动化程度。本书的创新点可以归纳为以下几点：

（1）提出了一种面向建筑三维重建的语义建模框架。该框架由一种基于 XML 的建筑体描述语言——可扩展的建筑建模语言 XBML 与建筑组件库两部分构成。XBML 专注于建筑结构的描述，而组件库每个组件类都封装了相应的过程式建模算法。通过该框架进行建筑物重建可以避免传统建模中建筑规则检测与空间关系推理，因此能够有效简化建筑物三维重建流程并保留重要的语义信息。

（2）精细的建筑语义信息提取。相较于目前已有的利用机载 LiDAR 点云数据进行的相关研究，本书并不仅仅停留在对屋顶和立面特征的识别与提取上，还对建筑其他的一些结构特征的识别与语义提取进行了重点研究，如屋檐、女儿墙、楼层结构与门窗的识别与信息提取。其中，针对这些特征本书提出了相应的算法，如基于 α-shape 的屋顶轮廓线提取算法和双边滤波、高斯混合模型相结合的轮廓线提取算法、基于最小环结构的坡屋顶构建算法、基于边界点置信度的楼层结构分析算法、基于点置信度的门窗识别算法等。

（3）建立并实现了一套自动化的语义三维重建流程。本书所提到的建筑三维重建方法具有较好的自动化程度，建立了一套从建筑语义特征的识别、建筑组件参数的估计到语义信息向三维建模平台转化，并最终生成三维模型的自动化的工作流程。

7.3 研究展望

本书针对机载 LiDAR 点云中的建筑物的语义三维重建进行了深入研究，提出了一种利用语义建模框架进行建筑物自动化三维重建的方法。虽然目前取得了一些成果，但目前仍是一个原型系统，存在一些局限性，有待进一步完善。未来我们将从以下几个方面着手，对该方法进行改进：

（1）建筑组件库的扩充。建筑语义组件库在语义转向模型的过程中，起到关键作用，目前我们的建筑语义组件库只涵盖了能够满足机载 LiDAR 点云建模的较为常见的组件，为了能够适应更精细的数据，更丰富的建筑组件是必不可少的。因此，未来我们将扩充现有的建筑语义组件库，并结合建筑行业的 BIM 技术，获取更多的建筑组件，从而支持更多类型建筑、更丰富细节的语义建模。

（2）语义特征识别算法改进。从本书中不难看出，语义特征识别是进行建筑物语义重建的关键，语义特征识别的准确程度决定了重建的准确程度。尽管本书中提出的一些算法与前人的一些相似工作相比有所改进，但也存在一些局限性。在楼层结构分析中，也会出现楼层分割不均匀现象。而在门窗识别中，由于点云不均匀性和噪声等原因，会导致门窗定位错误，进而导致识别错误。由于门窗的识别非常依赖楼层结构分析中的边界点置信度估算结果，因此边界点置信度的不准确估计会直接影响到后面的门窗识别结果。一种可行的思路是优先对立面门窗结构进行检测，利用门窗检测结果结合边界点置信度共同分析楼层结构。另外，目前，我们的识别方法主要基于点云几何特征，很难满足对所有各种风格各异的建筑的语义特征识别，因此，未来将结合深度学习技术，通过对建筑组件数据集的训练，实现对建筑语义特征的识别。

（3）多源数据的支持。由于考虑到了建筑物的单体化建模，本书的研究选择了以机载 LiDAR 点云为数据源。但机载 LiDAR 也存在立面扫描不精细甚至缺失等问题，所以仅仅依靠单一数据源进行建筑物的高质量重建是不可能的。未来不仅将会对地基 LiDAR 点云提供支持，还会针对倾斜影像数据提供更多的支持，确保能够从不同数据源中获取语义信息的能力。

（4）XBML 的改进。本书提出 XBML 能够实现对建筑结构的面向对象描述，极大地简化了建模流程，目前利用 XBML 可以描述大多数常见建筑类型，但对于一些复杂的异形建筑，并不能很好描述。未来我们将进一步改进 XBML，使其能够更简洁地描述更复杂的建筑结构。

（5）面向数据和城市计算的语义建模框架设计。城市建模的目的并不仅仅是三维浏览，而是辅助城市管理和决策。我国正在迈入 DT（Data Technology）时代，未来大中型城市将进入以城市计算为驱动力自动化管理时代，而城市计算的核心仍然是数据，这些数据由城市中每个基础单元设施——道路、交通、建筑等产生，所以未来我们将朝着面向数据应用和城市计算的方向对本书提出的面向建筑三维重建的语义建模框架进行改进，并提供数据绑定、事件响应等技术的支持。

参 考 文 献

[1] Green Building Studio. Green Building XML [M/OL]. 2016 [2021-5-11]. https://www.gbxml.org/Resources_GreenBuildingXML_gbXML.

[2] Axelsson P. DEM generation from laser scanner data using adaptive TIN models [J]. International Archives of Photogrammetry and Remote Sensing, 2000 (33): 110-117.

[3] Badrinarayanan V, Kendall A, Cipolla R. SegNet: A Deep Convolutional Encoder-Decoder Architecture for Image Segmentation [J]. IEEE Transactions on Pattern Analysis and Machine Intelligence, 2017, 39: 2481-2495.

[4] Bay H, Tuytelaars T, Van Gool L. Surf: speeded up robust features [J]. Computer Vision and Image Understanding, 2006, 110 (3): 346-359.

[5] Biosca J M, Lerma J L. Unsupervised robust planar segmentation of terrestrial laser scanner point clouds based on fuzzy clustering methods [J]. ISPRS Journal of Photogrammetry and Remote Sensing, 2008, 63: 84-98.

[6] Brennan R, Webster T L. Object-oriented land cover classification of lidar-derived surfaces [J]. Canadian Journal of Remote Sensing, 2006, 32 (2): 162-172.

[7] Buildingsmart. IFC Overview summary [M/OL]. 2016 [2021-5-11]. https://standards.buildingsmart.org/IFC/RELEASE/IFC2x3/FINAL/HTML/.

[8] C S, I G. Programming wpf [M]. 2nd ed. Sebastopol, Calif, USA: O'Reilly Media, 2007.

[9] Dahlke D, Linkiewicz M, Meissner H. True 3D building reconstruction: facade, roof and overhang modelling from oblique and vertical aerial imagery [J]. International Journal of Image and Data Fusion, 2015, 6: 314-329.

[10] Daniels J I, Ha L K, Ochotta T, et al. Robust Smooth Feature Extraction from Point Clouds: Proceedings of the IEEE International Conference on Shape Modeling and Applications, 2007 [C].

[11] Dore C, Murphy M. Semi-automatic modelling of building facades with shape grammars using historic building information modelling [J]. ISPRS-International Archives of the Photogrammetry, Remote Sensing and Spatial Information Sciences, 2013, XL5: 57-64.

[12] Edelsbrunner H K D S R. On the shape of a set of points in the plane [J]. IEEE Transactions on Information Theory, 1983, 29: 9.

[13] Fan H, Yao W, Fu Q. Segmentation of Sloped Roofs from Airborne LiDAR Point Clouds Using Ridge-Based Hierarchical Decomposition [J]. Remote Sensing, 2014, 6: 3284.

[14] Finkenzeller D. Detailed building facades [J]. IEEE Computer Graphics and Applications, 2008, 28: 58-66.

[15] Fischler M A, Bolles R C. Readings in Computer Vision [M]. San Francisco: Morgan Kaufmann, 1987.

[16] Fleishman S, Drori I, Cohen-Or D. Bilateral mesh denoising [J]. ACM Trans. Graph. 2003, 22: 950-953.

[17] Frueh C, Sammon R, Zakhor A. Automated Texture Mapping of 3D City Models With Oblique Aerial Imagery: Proceedings of the 3D Data Processing, Visualization, and Transmission, 2nd International Symposium, 2004 [C]. IEEE Computer Society, c2004.

[18] Gao Z, Neumann U. Feature enhancing aerial lidar point cloud refinement [J]. Proceedings of SPIE, 2014, 9013: 901303.

[19] Garcia-Dorado I, Demir I, Aliaga D G. Automatic urban modeling using volumetric reconstruction with surface graph cuts [J]. Computers & Graphics-Uk, 2013, 37: 896-910.

[20] Groger G K, Nagel T H, Hafele C, et al. OGC city geography markup language (CityGML) encoding standard [M/OL]. Wayland: Open Geospatial

Consortium Inc, 2012 [2021-05-1]. https：//www.ogc.org/standards/gml.

[21] Gumhold S, Wang X, Macleod R. Feature Extraction from Point Clouds. Proceedings of the 10 th International Meshing Roundtable, Sandia National laboratories, October, 2001 [C]. Berlin：Spring-Verlag, c2001.

[22] Harris C, Stephens M. A combined corner and edge detector [J]. In Proc. of Fourth Alvey Vision Conference, 1988：147-151.

[23] He K, Gkioxari G, Dollár P, et al. Mask R-CNN [J]. IEEE Transactions on Pattern Analysis and Machine Intelligence, 2020, 42：386-397.

[24] Hillyer M. Managing Hierarchical Data in MySQL [M/OL]. 2012 [2021-5-1]. http：//mikehillyer.com/articales/managing-hierarchical-data-in-mysql/.

[25] Hohmann B, Krispel U, Riemenschneider H, et al. CityFit-High-quality urban reconstructions by fitting shape grammars to images and derived textured point clouds：Processdings of the International Workshop 3D-ARCH, ISPRS, 2013 [C].

[26] Jones T R, Durand F, Zwicker M. Normal improvement for point rendering [J]. IEEE Computer Graphics and Applications, 2004, 24：53-56.

[27] Kilian J. Capture and Evaluation of Airborne Laser Scanner Data：International Archives of Photogrammetry and Remote Sensing, ISPRS, 1996 [C]. Vienna：ISPRS, 1996.

[28] Kobyshev N, Riemenschneider H, Bodis-Szomoru A, et al. Architectural decomposition for 3D landmark building understanding：IEEE Winter Conference on Applications of Computer Vision, IEEE, 2016 [C]. Lake Placid, NY, USA：IEEE, 2016.

[29] Asprs Board. LAS Specification Version 1.2 [M/OL]. USA：ASPRS, 2008 [2021-5-1]. https：//www.asprs.org/wp-content/uploads/2010/12/asprs_las_format_v12.pdf.

[30] Larive M, Gaildrat V. Wall grammar for building generation：Proceedings of the 4th international conference on Computer graphics and interactive techniques in Australasia and Southeast Asia, Kuala Lumpur, Malaysia, 2006 [C]. New

York, NY, USA: Association for Computing Machinery, c2006.

[31] Li Y, Bu R, Sun M, et al. PointCNN: Convolution On X-Transformed Points: Advances in Neural Information Processing Systems, Montreal, Canada, December 3-8, 2018 [C]. Montreal: Neural Information Processing Systems Foundation, Inc, c2018.

[32] Lin H, Gao J, Zhou Y, et al. Semantic decomposition and reconstruction of residential scenes from LiDAR data [J]. Acm Transactions on Graphics, 2013, 32: 66.

[33] Lindenberger J. Laser Profilmessungen Zur Topographischen Gel-ndeaufnahme [D]. Stuttgart: University Stuttgart, 1993.

[34] Lipp M P M. Interactive visual editing of grammars for procedural architecture [J]. Acm Transactions on Graphics, 2008, 27: 10.

[35] Lowe D G. Object recognition from local scale-invariant features: Proceedings of the Seventh IEEE International Conference on Computer Vision, Kerkyra, Greece, September 20-27, 1999 [C]. Washington DC: IEEE Computer Society, c1999.

[36] Luo C, Sohn G, Isprs. A Knowledge Based Hierarchical Classification Tree for 3D Facade Modeling Using Terrestrial Laser Scanning Data: 2010 Canadian Geomatics Conference and Symposium of Commission I, Isprs Convergence in Geomatics-Shaping Canada's Competitive Landscape, Gottingen, 2010 [C].

[37] Mahmud J, Price T, Bapat A, et al. Boundary-aware 3D Building Reconstruction from a Single Overhead Image: Proceedings of the IEEE Conference on Computer Vision and Pattern Recognition, Seattle, WA, USA, June, 13-19, 2020 [C]. Washington DC: IEEE Computer Society, c2020.

[38] Mathias M, Martinovic A, Van Gool L. Atlas: A Three-Layered Approach to Facade Parsing [J]. International Journal of Computer Vision, 2016, 118: 22-48.

[39] Mathias M, Martinovic A, Weissenberg J, et al. Procedural 3D Building Reconstruction Using Shape Grammars and Detectors: Proceedings of the 2011

International Conference on 3D Imaging, Modeling, Processing, Visualization and Transmission. Hangzhou, China, May, 16-19, 2011 [C]. Washington DC: IEEE Computer Society, c2011.

[40] Muller P, Wonka P, Haegler S, et al. Procedural modeling of buildings [J]. Acm Transactions on Graphics, 2006, 25: 614-623.

[41] Muller P G P G L. Image-based procedural modeling of facades [J]. Acm Transactions on Graphics, 2007, 26: 9.

[42] Nguyen T P, Debledrennesson I. A discrete geometry approach for dominant point detection [J]. Pattern Recognition, 2011, 44: 32-44.

[43] Nishida G, Garciadorado I, Aliaga D G, et al. Interactive sketching of urban procedural models [J]. Acm Transactions on Graphics, 2016, 35: 130.

[44] Otsu N. A Threshold Selection Method from Gray-Level Histograms [J]. IEEE Transactions on Systems, Man, and Cybernetics, 1979, 9: 62-66.

[45] Parish Y I H, Muller P, Acm, et al. Procedural Modeling of cities: Siggraph 2001 Conference Proceedings, Los Angeles, California, August 12-17, 2001 [C]. New York: ACM Press, c2001.

[46] Pei S, Lin C. The detection of dominant points on digital curves by scale-space filtering [J]. Pattern Recognition, 1992, 25: 1307-1314.

[47] Perera G S N, Maas H-G. Cycle graph analysis for 3D roof structure modelling: Concepts and performance [J]. Isprs Journal of Photogrammetry and Remote Sensing, 2014, 93: 213-226.

[48] Perera S N, Nalani H A, Maas H G. An automated method for 3d roof outline generation and regularization in airbone laser scanner data [J]. ISPRS Ann. Photogramm. Remote Sens. Spatial Inf. Sci. 2012, I-3: 281-286.

[49] Petri G, Toth C. Topographic Laser Ranging and Scanning: Principles and Processing [M]. Boca Raton, FL: CRC Press, 2008.

[50] Poullis C. A Framework for Automatic Modeling from Point Cloud Data [J]. IEEE Transactions on Pattern Analysis and Machine Intelligence, 2013, 35: 2563-2575.

[51] Pu S, Vosselman G. Knowledge based reconstruction of building models from terrestrial laser scanning data [J]. ISPRS Journal of Photogrammetry and Remote Sensing, 2009, 64: 575-584.

[52] Qi C R, Su H, Mo K, et al. PointNet: Deep Learning on Point Sets for 3D Classification and Segmentation: 30th IEEE Conference on Computer Vision and Pattern Recognition, Honolulu, Hawaii, July 21-26, 2016 [C]. Washington DC: IEEE Computer Society, c2016.

[53] Qi C R, Yi L, Su H, et al. PointNet++: Deep Hierarchical Feature Learning on Point Sets in a Metric Space: Advances in Neural Information Processing Systems, Long Beach Convention Center, Long Beach, December 4-9, 2017 [C].

[54] Ren S, He K, Girshick R, et al. Faster R-CNN: Towards Real-Time Object Detection with Region ProposalNetworks [J]. IEEE Transactions on Pattern Analysis and Machine Intelligence, 2017, 39: 1137-1149.

[55] Roggero M. Object Segmentation with Region Growing and Principal Component Analysis [J]. Pediatric Allergy & Immunology, 2002, 12 (2): 59-64.

[56] Rosenfeld A. Image Analysis and Computer Vision [J]. Computer Vision and Image Understanding, 1998, 70: 239-284.

[57] Schnabel R, Wessel R, Wahl R, et al. Shape Recognition in 3D Point-Clouds: proceedings of the 16-th international Conference in Central Europe on Computer Graphics, Visualization and Computer Vision ' 2008, February 2008 [C]. Plzen, Czech Republic: Union Agency-Science Press, c2008.

[58] Shelhamer E, Long J, Darrell T. Fully Convolutional Networks for Semantic Segmentation [J]. IEEE Transactions on Pattern Analysis and Machine Intelligence, 2017, 39: 640-651.

[59] Shen C H, Huang S S, Fu H B, et al. Adaptive Partitioning of Urban Facades [J]. Acm Transactions on Graphics, 2011, 30 (6): 1-10.

[60] Sithole G, Filtering of laser altimetry data using a slope adaptive filter: International Archives of Photogrammetry and Remote Sensing, Annapolis, MD,

October 22-24, 2001 [C].

[61] Solis D M. Illustrated WPF [M]. New York: USA Press, 2009.

[62] Sui W, Wang L F, Fan B, et al. Layer-Wise Floorplan Extraction for Automatic Urban Building Reconstruction [J]. IEEE Transactions on Visualization and Computer Graphics. 2016, 22: 1261-1277.

[63] Su H, Maji S, Kalogerakis E, et al. Multi-view Convolutional Neural Networks for 3D Shape Recognition: 2015 IEEE International Conference on Computer Vision (ICCV), Los Alamitos, CA, USA, December 13-16, 2015 [C]. Washington DC: IEEE Computer Society, c2015.

[64] Susaki J. Knowledge-Based Modeling of Buildings in Dense Urban Areas by Combining Airborne LiDAR Data and Aerial Images [J]. Remote Sensing, 2013, 5: 5944.

[65] Teh C H, Chin R T. On the detection of dominant points on digital curves [J]. IEEE Transactions on Pattern Analysis and Machine Intelligence, 1989, 11: 859-872.

[66] Tuttas S, Stilla U. Reconstruction Of Rectangular Windows In Multi-Looking Oblique View Als Data [J]. ISPRS Ann. Photogramm. Remote Sens. Spatial Inf. Sci. 2012, I-3: 317-322.

[67] Tutzauer P H N. facade reconstruction using geometric and radiometric point cloud information [J]. International Archives of the Photogrammetry, Remote Sensing & Spatial Information Sciences, 2015, 40-3/W2: 5.

[68] Vanegas C A, Aliaga D G, Benes B. Building Reconstruction using Manhattan-World Grammars: 2010 Ieee Conference on Computer Vision and Pattern Recognition, San Francisco, CA, USA, June 13-18 2010 [C]. Washington DC: IEEE Computer Society, c2010.

[69] Vosselman, G. Slope based filtering of laser altimetrydata [J]. International Archives of Photogrammetry and Remote Sensing, 2000, B4: 958-964.

[70] Wang C, Cho Y K. Automated gbXML-based Building Model Creation for Thermal Building Simulation: 2014 2nd International Conference on 3d Vision,

Tokyo, Japan, December 8-11, 2014 [C]. Washington DC: IEEE Computer Society, c2014.

[71] Wang C, Cho Y K, Kim C. Automatic BIM component extraction from point clouds of existing buildings for sustainability applications [J]. Automation In Construction , 2015, 56: 1-13.

[72] Wang C, Yong. Automated 3D Building Envelope Recognition from Point Clouds for Energy Analysis: Proceedings of Construction Research Congress 2012, West Lafayette, Indiana, USA, May 21-23, 2012 [C].

[73] Wang H, Zhang W, Chen Y, et al. Semantic Decomposition and Reconstruction of Compound Buildings with Symmetric Roofs from LiDAR Data and Aerial Imagery [J]. Remote Sensing, 2015, 7: 13945.

[74] Wang Y, Sun Y, Liu Z, et al. Dynamic Graph CNN for Learning on Point Clouds [J]. ACM Trans. Graph, 2018, 38 (5).

[75] W. Zhang et al. An Easy-to-Use Airborne LiDAR Data Filtering Method Based on Cloth Simulation [J]. Remote Sensing, 2016, 8 (6): 501.

[76] Weber C, Hahmann S, Hagen H. Sharp feature detection in point clouds: 2010 Shape Modeling International Conference, Aix-en-Provence, France, June 21-23 2010 [C]. Washington DC: IEEE Computer Society, c2010.

[77] Wonka P, Wimmer M, Sillion F, et al. Instant architecture [J]. Acm Transactions on Graphics, 2003, 22: 669-677.

[78] Xiong B, Oude Elberink S, Vosselman G. A graph edit dictionary for correcting errors in roof topology graphs reconstructed from point clouds [J]. ISPRS Journal of Photogrammetry and Remote Sensing, 2014, 93: 227-242.

[79] Xu B, Zhang X, Li Z, et al. Deep Learning Guided Building Reconstruction from Satellite Imagery-derived Point Clouds [J]. 2020, arXiv e-prints arXiv: 2005. 09223.

[80] Yu D, Ji S, Liu J, et al. Automatic 3D building reconstruction from multi-view aerial images with deep learning [J]. ISPRS Journal of Photogrammetry and Remote Sensing, 2021, 171: 155-170.

［81］ Yu D, Wei S, Liu J, et al. Advanced approach for automatic reconstruction of 3d buildings from aerial images：The International Archives of the Photogrammetry, Remote Sensing and Spatial Information Sciences XLIII-B2-2020, Nice, France, August 32-September 2, 2020 ［C］.

［82］ ZHANG W, WANG H, CHEN Y, et al. 3D Building Roof Modeling by Optimizing Primitive's Parameters Using Constraints from LiDAR Data and Aerial Imagery ［J］. Remote Sensing, 2014, 6：8107.

［83］ 陈鸿翔. 基于卷积神经网络的图像语义分割 ［D］. 杭州：浙江大学, 2016.

［84］ 陈久军. 基于统计学习的图像语义挖掘研究 ［D］. 杭州：浙江大学, 2006.

［85］ 陈坤. 多视图三维立体重建方法 ［D］. 杭州：浙江大学, 2013.

［86］ 陈永枫. 基于机载 LiDAR 点云数据的建筑物重建技术研究 ［D］. 郑州：解放军信息工程大学, 2013.

［87］ 陈宇, 徐青, 姚富山, 等. 影像密集匹配点云的单体化提取 ［J］. 测绘通报, 2016（12）：51-55.

［88］ 邓琴. 基于 DPModeler 的倾斜影像三维建模 ［D］. 抚州：东华理工大学, 2015.

［89］ 邓琴, 吕开云. 基于 DPModeler 的倾斜影像三维重建 ［J］. 江西测绘, 2015（01）：19-20, 26.

［90］ 冯琰, 张正禄, 罗年学. 最小独立闭合环与附合导线的自动生成算法 ［J］. 武汉测绘科技大学学报, 1998（03）：69-73.

［91］ 付哲. 基于特征的面向对象虚拟 GIS 数据模型及其应用研究 ［D］. 长春：吉林大学, 2006.

［92］ 高隽, 谢昭, 张骏, 等. 图像语义分析与理解综述 ［J］. 模式识别与人工智能, 2010, 23（02）：191-202.

［93］ 高阳, 谭力民. 基于 XML 文档的关系数据库与面向对象数据库之间的信息交互 ［J］. 计算机工程与应用, 2003（03）：196-197+223.

［94］ 韩文琳, 谭连生, 杨双华. 关系数据库系统到 XML 数据转出的研究 ［J］. 中国科技信息, 2005（05）：31-20.

［95］ 何雄. 空间数据库引擎关键技术研究 ［D］. 北京：中国科学院研究生院

（计算技术研究所），2006.

[96] 黄多娜．建筑信息模型（BIM）与能量分析程序的互用性研究［D］.哈尔滨：哈尔滨工业大学，2013.

[97] 黄金国．关于房地产楼层价差的研究［J］.山西建筑，2010，36（33）：236-238.

[98] 贾代平．Oracle8/8i 中的对象关系特性［J］.计算机系统应用，2001（02）：21-24.

[99] 李超．建筑细部设计［D］.北京：北京工业大学，2005.

[100] 李德仁，肖雄武，郭丙轩，等．倾斜影像自动空三及其在城市真三维模型重建中的应用［J］.武汉大学学报（信息科学版），2016，41（06）：711-721.

[101] 李乐林．基于等高线族的机载 LiDAR 数据建筑物三维模型重建方法研究［D］.武汉：武汉大学，2012.

[102] 梁玉斌．面向建筑测绘的地面激光扫描模式识别方法研究［D］.武汉：武汉大学，2013.

[103] 林亚星．BIM 在绿色建筑评价中的应用研究［D］.成都：西南交通大学，2016.

[104] 刘力荣，左建章，岳贵杰．SWDC-5 倾斜摄影建筑物纹理自动映射方法［J］.测绘科学，2015，40（08）：68-71.

[105] 刘经南，张小红．利用激光强度信息分类激光扫描测高数据［J］.武汉大学学报（信息科学版），2005（03）：189-193.

[106] 刘经南，张小红．激光扫描测高技术的发展与现状［J］.武汉大学学报（信息科学版），2003（02）：132-137.

[107] 柳丹．Oracle PL/SQL 面向对象特性 Web 应用研究［J］.计算机技术与发展，2006（11）：234-237.

[108] 陆泉，韩阳，陈静．图像语义标注方法及其语义鸿沟问题研究进展［J］.图书馆学研究，2014（10）：2-6.

[109] 罗世操．基于深度学习的图像语义提取与图像检索技术研究［D］.上海：东华大学，2016.

［110］欧阳群东，巫兆聪，胡忠文，等．CityGML 应用领域三维建模研究［J］．测绘科学，2011，36（03）：166-168．

［111］史青，王子平，李朝柱，等．生成树算法在最小独立闭合环搜索中的应用［J］．测绘地理信息，2013，38（01）：14-15+19．

［112］孙宏伟，张树生，周竞涛，等．基于模型驱动的 XML 与数据库双向映射技术［J］．计算机工程与应用，2002（04）：25-27．

［113］孙伟，张彩明，杨兴强．Marching Cubes 算法研究现状［J］．计算机辅助设计与图形学学报，2007（07）：947-952．

［114］王凤姣．多特征融合的图像语义提取与分析［D］．武汉：华中师范大学，2014．

［115］王果．不同平台激光点云数据面状信息自动提取研究［D］．北京：中国矿业大学（北京），2014．

［116］王惠锋，孙正兴，王箭．语义图像检索研究进展［J］．计算机研究与发展，2002（05）：513-523．

［117］王卿．多角度倾斜摄影技术在自动纹理映射上的应用［J］．测绘与空间地理信息，2016，39（10）：198-200．

［118］王庆栋．新型倾斜航空摄影技术在城市建模中的应用研究［D］．兰州：兰州交通大学，2013．

［119］王庆栋，艾海滨，张力．利用倾斜摄影和 3ds Max 技术快速实现城市建模［J］．测绘科学，2014，39（06）：74-78．

［120］王勇，郝晓燕，李颖．基于倾斜摄影的三维模型单体化方法研究［J］．计算机工程与应用，2018，54（03）：178-183．

［121］魏建红，万仲保，詹国华．基于 Oracle 导入导出 XML 技术研究［J］．华东交通大学学报，2007（02）：103-105．

［122］魏凌飞，郭志金，王超．基于倾斜摄影测量的纹理自动重建研究［J］．北京测绘，2016（05）：92-95+99．

［123］魏征．车载 LiDAR 点云中建筑物的自动识别与立面几何重建［D］．武汉：武汉大学，2015．

［124］温银放．数据点云预处理及特征角点检测算法研究［D］．哈尔滨：哈尔滨

工程大学，2007.

[125] 肖雄武. 基于特征不变的倾斜影像匹配算法研究与应用 [D]. 西安：西安科技大学，2014.

[126] 徐景中，姚芳. LiDAR 点云中多层屋顶轮廓线提取方法研究 [J]. 计算机工程与应用，2010，46 (32)：141-143.

[127] 闫利，曹亮，陈长军，等. 车载全景影像与激光点云数据配准方法研究 [J]. 测绘通报，2015 (03)：32-36.

[128] 闫利，曹亮，谢洪，等. 车载全景影像与激光点云融合生成彩色点云方案 [J]. 测绘科学，2015，40 (09)：111-114+162.

[129] 闫利，程君. 倾斜影像三维重建自动纹理映射技术 [J]. 遥感信息，2015，30 (02)：31-35.

[130] 杨存英. 基于倾斜影像的建筑物提取与参数化三维重建 [D]. 西安：西安科技大学，2016.

[131] 杨洁，段隆振. Oracle 8i 的面向对象特性及其实现方法 [J]. 计算机与现代化，2003 (07)：71-73.

[132] 杨雪. 基于纹理基元块的图像语义分割 [D]. 绵阳：西南科技大学，2015.

[133] 姚国标，邓喀中，艾海滨，等. 倾斜立体影像自动准稠密匹配与三维重建算法 [J]. 武汉大学学报 (信息科学版)，2014，39 (07)：843-849.

[134] 余虹亮. 基于倾斜摄影的城市三维重建方法研究 [D]. 南宁：广西大学，2016.

[135] 余虹亮，冯文雯，劳冬影，等. 基于倾斜摄影的城市建筑三维重建方法研究 [J]. 计算机应用与软件，2016，33 (12)：188-192.

[136] 张斌，王爱玲. 实现 XML 与 Oracle 数据库数据的交换. 电脑开发与应用编辑部. 全国 ISNBM 学术交流会暨电脑开发与应用创刊 20 周年庆祝大会论文集 [C].

[137] 张春森，张卫龙，郭丙轩，等. 倾斜影像的三维纹理快速重建 [J]. 测绘学报，2015，44 (07)：782-790.

[138] 张磊. 图像分类和图像语义标注的研究 [D]. 济南：山东大学，2008.

[139] 张申勇，吴方，廖继勇，等．关系数据库中对于层次结构数据的处理分析
　　　［J］．电脑知识与技术，2011，7（28）：6821-6824，6830.

[140] 张素兰，郭平，张继福，等．图像语义自动标注及其粒度分析方法［J］.
　　　自动化学报，2012，38（05）：688-697.

[141] 张天巧．基于机载倾斜摄影数据的自动贴纹理方法研究［J］.测绘通报，
　　　2015（06）：69-71+74.

[142] 张娴斌．星级商务酒店商务楼层设计研究［D］.沈阳：沈阳建筑大学，
　　　2013.

[143] 张小红．机载激光扫描测高数据滤波及地物提取［D］.武汉：武汉大学，
　　　2002.

[144] 张志超．融合机载与地面 LIDAR 数据的建筑物三维重建研究［D］.武汉：
　　　武汉大学，2010.

[145] 赵煦．基于地面激光扫描点云数据的三维重建方法研究［D］.武汉：武汉
　　　大学，2010.

[146] 赵一晗，伍吉仓．控制网闭合环搜索算法的探讨［J］.铁道勘察，2006
　　　（03）：12-14.

[147] 周德军．用 JSP 实现 XML 文件到 Oracle 数据库的导入和导出［J］.科技
　　　信息，2010（02）：273-275.

[148] 周宁．基于 CityGML 的城市三维信息描述方法研究［D］.阜新：辽宁工程
　　　技术大学，2009.

[149] 周宁，张军．基于 CityGML 的城市三维模型的描述方法［J］.测绘工程，
　　　2010，19（04）：50-55.

[150] 邹进贵，冯晨．控制网最小独立闭合环搜索算法研究［J］.地理空间信
　　　息，2008，6（06）：97-99.